U0742335

人生　　　　　　就像

自　行　车

THE　　　　BICYCLE

罗 金 著

中华工商联合出版社

图书在版编目（CIP）数据

  人生就像自行车 / 罗金著．—北京：中华工商联合出版社，
2016.1（2024.1重印）
  ISBN 978-7-5158-1469-8

  Ⅰ．①人… Ⅱ．①罗… Ⅲ．①成功心理–通俗读物
Ⅳ.①B848.4-49

  中国版本图书馆CIP数据核字（2015）第240096号

人生就像自行车

作　　者：罗　金
责任编辑：吕　莺　张淑娟
装帧设计：虞　佳
责任审读：李　征
责任印制：迈致红
出版发行：中华工商联合出版社有限责任公司
印　　刷：河北浩润印刷有限公司
版　　次：2016年1月第1版
印　　次：2024年1月第2次印刷
开　　本：640mm×960mm　1/16
字　　数：260千字
印　　张：16
书　　号：ISBN 978-7-5158-1469-8
定　　价：68.00元

服务热线：010-58301130
销售热线：010-58302813
地址邮编：北京市西城区西环广场A座
　　　　　19-20层，100044
http://www.chgslcbs.cn
E-mail:cicap1202@sina.com（营销中心）
E-mail:gslzbs@sina.com（总编室）

PREFACE 前 言

很多人说,人生,就好比是自行车。

小时候,我们对世界充满了迷惑,然后跌跌撞撞地成长,直到跨上了"自行车"的座位,但我们发现,一路上,我们总会"跌倒",要想保持平衡,就得不断往前"骑"。

人生就像自行车:不管说得有多么好听,最后你发现要想前进,还是要靠自己努力。

快乐靠自己,没有谁能够同情和分担你的悲伤;坚强靠自己,没有谁会怜悯你的懦弱;努力靠自己,没有谁会陪你在原地停留;珍惜靠自己,别人也不愿意挥霍自己的时间;执着靠自己,没有谁会与你共同进退;一路走过靠自己,没有谁能够一直陪你走到底。

人生就像自行车:一路上总有顺风和逆风。

不要轻易述说生活的"狼狈",要学会面对现实;不要轻易虚度每一天的光阴,因为那都是你余生中的第一天;不要轻易向世界妥协,它让你哭,你要在坚持中让自己笑。

人生就像自行车:爱护有加就"宝车"不老,懒得"打理"则往往提前"报废"。

……

人生是美好的,又是短暂的。有的人生寂寞,有的人生多彩,不同的人有着不同的人生追求;人生是一条没有回程的单行线,每个

1

人都用自己的所有时光一路前行。

所以，你要相信你会幸福，你要保持一颗开放的心。生活不能预测，但它为梦想的实现提供了很多机会。只是别忘记，有时候，踏出积极的一步，需要你稍微调整梦想，或者筹划新的梦想，或者怀抱更多的梦想……幸福不是一天就能获得的，正如不幸的困境也不是一天形成的。

人生的高度一个又一个，它不是一尺，也不是一丈。不要太贪心，也不要太急躁。设置你心目中合适的高度，快乐而充实地奋斗。不用急着第一个到达，也不要为别人早到一步而纠结郁闷，更不要因为被别人超越而抓狂绝望。这个世界上不是所有人都比你强，也不是所有人都比你弱，你需要的仅仅是一份心安。

人生，就是骑上属于自己的自行车。你要知道，没有所谓"最正确""最便捷"的道路，也不可能出现一个能带着你走一辈子的"贵人"。每一条道路都有通往成功的可能，关键是你自己是否有信心、有勇气、有智慧地走下去。

本书旨在帮助尚无明确人生方向或者在人生的旅途中走入岔道的年轻人，使他们尽早调整自己的航向，明确自己的使命，不断充实和完善自己，从而踏上成功殿堂的阶梯。

CONTENTS **目 录**

目 录

一路上总有顺风和逆风。请不要轻易述说生活的"狼狈",学会面对现实,不要轻易向世界妥协,它让你哭,你要在坚持中让自己笑。

回首的时候,总想把走过的路重走一遍,总想让那一串深深浅浅的脚印不再曲折,不再迂回;回首的时候,才知道从前的那缕朝霞应该珍惜,从前的那抹夕阳不该错过。

第一章

重心偏了，方向也就变了

初学自行车，当我们跌跌撞撞跨上那个属于自己的座位时，就被大人告诫，一定要把握好重心，方向掌握在自己手里。人生何尝不是如此，重要的不仅仅是努力，还有方向。

1.正确树立自己的目标

美国有一个研究"成功"的机构,曾经长期追踪观察100个年轻人,直到他们年满65周岁。结果发现,在这100个人中,只有一个人非常富有,5个人经济有保障,而其余的94个人情况都不太好,晚年生活十分拮据,可以说是失败者。而这94个人之所以会如此,并非因为年轻时不够努力,而是因为他们没有选定清晰的人生目标。

从这个案例中我们能简单明了地看到,拥有清晰的目标,会对未来的人生产生重大影响。

这与学习是同样的道理。当你开始学习之前,应该好好思考一下学习的目的是什么,仅仅是为了提高自己的学历,还是要将所学的知识运用于实践,或是其他什么目的?只有先明确了目标,才能够更好、更合理地安排自己的学习时间和学习内容。

有远大的目标是好的,但是,俗话说:"望山跑死马。"有些人所制定的远大目标往往都在远处,看起来遥不可及。这时候,人要分析自己距离目标有多远,知道自己与目标的差距,然后才能知道自己努力的方向和坚持的程度。

1976年,19岁的迈克尔在休斯敦的一家航天实验室工作,这里虽然待遇优厚,但是环境沉闷,迈克尔希望改变现状。他一直有音乐创作的梦想,但是并不擅长写歌词,于是他找到善写歌词的凡尔芮同他一起创作。当凡尔芮了解到迈克尔对音乐的执著以及不知如何入手的迷茫时,决定帮助他实现梦想。凡尔芮问迈克尔:"你想象的五年后的生活是什么样子的?"

迈克尔沉思片刻,说道:"五年后,我希望自己会有一张唱片在市场上销售;我想住在一个有音乐氛围的地方,能够天天和世界一流的音乐人一起工作。"

凡尔芮说:"那么,我们现在就看看你和你的目标之间的差距有多大吧。现在,你有固定的工作,音乐创作的时间非常有限。而你如果想要达成梦想,那音乐将会是你生活和工作的主要甚至全部内容,这就是差距所在。"

凡尔芮继续说道:"现在我们把你的目标反推回来。如果第五年你想有一张唱片在市场上销售,那么第四年你就一定要和一家唱片公司签约;第三年你就要有一首完整的作品,可以拿给很多唱片公司听;第二年你一定要有很棒的作品并开始录音;第一年你就要把所有准备录音的作品改好,然后逐一进行筛选;第一个月你就要把目前手中的这几首曲子完工;第一个礼拜你就要先列出一张清单,排出哪些曲子需要修改,哪些需要完工。你看,现在我们不就知道你下个星期应该做什么了吗?"

凡尔芮接着说:"如果你五年后想要生活在一个音乐氛围的地方,与一流的音乐人一起工作,那么第四年你就应该有一个自己的工作室或者录音室;第三年,你可能就得先跟这个圈子里的人一起工作;第二年,你就应该搬到纽约或者洛杉矶去住了。"

凡尔芮的一番话,让迈克尔大受启发。很快,他就辞职去工作,搬到了洛杉矶。时隔六年,迈克尔的唱片大卖,一年卖出了几千万张,而且他每天都与顶尖的音乐人一起工作。正是凡尔芮冷静地找出差距,并一步步地进行分析,迈克尔才明确了通往梦想的道路。

在现实生活中，有许多人会因为目标过于远大，或者理想过于崇高而轻易放弃，但是，若能够懂得为自己设定"次目标"，便能够较快地获得令人满意的成绩，而每一个"次目标"都是按照自己目前所具有的能力来制定的，只要努力就能够完成，所以，当你逐步达成每一个"次目标"时，就意味着你总有一天会达成最终目标。

一个没有目标的人就像一艘没有舵的船，永远漂流不定，只会到达失望、失败和颓丧的海滩。

前美国财务顾问协会的总裁刘易斯·沃克曾接受一位记者的采访。他们聊了一会儿后，记者问道："到底是什么因素使人无法成功？"

沃克回答："模糊不清的目标。"记者请沃克进一步解释。他说："我在几分钟前就问你，你的目标是什么？你说希望有一天可以拥有一栋山上的小屋。这就是一个模糊不清的目标。问题就在'有一天'不够明确，因为不够明确，成功的机会也就不大。"

"如果你真的希望在山上买一间小屋，你必须先找到那座山，了解你想要的小屋的现价，然后考虑通货膨胀，算出5年后这栋小屋值多少钱；接着，你必须决定，为了达到这个目标，每个月要存多少钱。如果你真的这么做了，你可能在不久的将来就会拥有一栋山上的小屋；但如果你只是说说而已，梦想就可能不会实现。拥有梦想是愉快的，但没有实际行动计划的模糊梦想，则只是妄想而已。"

生命是一条单行线，人的时间和精力也是有限的，在这条单行线上徘徊、迷茫、迂回的时间越长，为自己最想要的目标而奋斗的时间、精力就越少，因此在刚开始就要明确自己想要什么，如果连自己想要的是什么都不知道,那还奢望能够得到什么呢?

人要明确自己想要的是什么,只有明确这一点才能致力追求自己想要的东西,成就自己的人生。

学习也是如此。当你将自己的学习目标设定得十分远大时,很可能自己就会先被吓倒了。但是如果能够根据自己的学习目标,将所要做的事情一一记在纸上,就成了一张表。比如,我们可以把目标分解,明确落实到每一天、每一个星期、每一个月甚至每一个学期。但光有计划是不够的,最重要的还是要付诸实践来完成它。

我们要树立人生目标,这样我们才会知道生活的航向,才能懂得生活还有新的追求。但是比树立目标更重要的是用行动去实现所谓的目标,只有下定决心,不断地学习、奋斗、成长,才有资格摘下成功的甜美果实。

2.没有明确的目标,就无法发挥自己的潜力

曾经有一对夫妇,他们有两个孩子。孩子还小的时候,他们决定为孩子养一只小狗。小狗抱回来以后,他们想请一位朋友帮忙训练这只小狗。第一次训练前,驯狗师问:"小狗的目标是什么?"夫妻俩面面相觑:"……小狗的目标?那当然就是当一只狗了。"驯狗师极为严肃地摇了摇头说:"每只小狗都得有一个目标。"

夫妻俩商量之后,为小狗确立了一个目标:白天要和孩子们一道玩,夜里要能看家。后来,小狗被成功地训练成了孩子的好朋友和

家中财产的守护神。

这对夫妇就是美国的前副总统阿尔·戈尔和他的妻子迪帕。他们牢牢地记住了这句话：做一只狗要有目标。推而广之，做一个人更要有目标。

这就是目标的重要性，没有目标，一切都只是停留在空想的层面上，有了目标，人生才会有努力和奋斗的方向，奋斗也才会变得更有动力。

在任何年代、任何国家，社会结构都接近一种金字塔状。大部分人处在金字塔的底层，只有一小部分人处在金字塔的顶端。处在底层的人每天辛辛苦苦地工作，却只能勉强维持自己的生活。而处在塔顶的人则是事业蒸蒸日上，发展前途不可限量。大部分人只能做普通的工作，有普通的收入，少数人则在高层作决断，享受财富。然而人们往往忽视了，这些身处顶端的人，曾经也处在底层，他们是一步一步地攀上金字塔的顶端的。

为什么偏偏是他们达到了众人瞩目的高度呢？

1952年，默多克的父亲因病去世了，未满22岁的默多克接手了父亲在澳大利亚的报业集团。

许多人称《澳大利亚人报》是默多克的另一面。因为这张刊载金融和政治事务的正儿八经的日报，同那些通俗的大众化小报形成了截然不同的两个极端。事实上这份报纸一直都在赔钱，为了荣誉，默多克一直坚持了下去。直到15年后，《澳大利亚人报》才开始赢利。

1968年，默多克到了英国，他自然就想到了英国那份著名的报纸——《每日镜报》，可是时机还不成熟，他转而把目光瞄向了《世界新闻报》，经过一番周折，他拥有了这份报纸的主要股份。

20世纪70年代，默多克又买下了《太阳报》，一年之内，发行量就从80万份猛增至200万份！80年代末，这份报纸超过《每日镜报》，成为英国最畅销的日报之一，成为默多克的"摇钱树"！这次成功使默多克成了"百年不遇的风云人物"。

到了20世纪80年代末，默多克占有全英报纸发行量的35%，成为英国报业的执牛耳之人。

默多克成功并不是一步登天的，他今天的成就是靠他一个一个目标的实现，最后积累下来的。直到今天，默多克依然没有停止他扩张的步伐。当别人以为他进入电影领域后会停下来时，他又涉足了卫星电视领域、图书出版领域。

显然，成功者总是那些有目标的人，鲜花和荣誉从不会降临到没有目标的人的头上。

许多人怀着羡慕、嫉妒的心情看待那些取得成功的人，总认为他们成功的原因是运气好、有外力相助，于是感叹自己的运气不好。殊不知，成功者取得成功的原因之一，就是确立了明确的目标。

3.有了目标还需全力以赴

有一位父亲带着三个孩子，到沙漠去猎杀骆驼。

他们到达了目的地。父亲问孩子们："你们看到了什么？"

　　老大回答:"我看到了猎枪、骆驼,还有一望无际的沙漠。"

　　父亲摇摇头说:"不对。"

　　老二回答:"我看到了爸爸、大哥、弟弟、猎枪,还有沙漠。"

　　父亲又摇摇头说:"不对。"

　　老三回答:"我只看到了骆驼。"

　　父亲高兴地说:"答对了。"

　　这个故事告诉我们,目标确立之后,就必须心无旁骛,集中全部的精力,专注于目标,并朝着目标勇敢地迈进,这是迈向成功的第一步。

　　杰出人士都遵循着一条类似的途径到达成功的,美国学者称之为"必定成功公式"。这一途径的第一步是要知道你所追求的,也就是要有明确的目标;第二步是要知道该怎么去做,应立即采取最有可能达成目标的做法,否则你只是在做梦。

　　你如果仔细留意成功者的做法,就会发现他们都遵循这些步骤:一开始先有目标,明确前进的方向;然后采取行动,因为坐着等是不行的;接着是拥有判断和选择的能力,知道该如何去做;然后不断修正、调整、改变他们的做法,直到成功为止。

　　你必须有目标,并为你的目标而努力。辛勤工作并不表示你真正投入工作了。同样是砌砖墙,有的人埋头苦干,觉得工作很无聊,但还是认命地做下去;有的人却一面砌,一面想象这座墙砌成后的面貌,上面也许会爬满玫瑰花,孩子们也许会攀在墙头上看风景等,他努力砌墙的同时,也已经享受努力的成果了。

　　前一种砌墙人虽然卖力,但只是在既有的工作上打转,生活对他而言是一种苦刑。后者却能陶醉在工作中,同时他很可能一面工作,一面思考如何改善,因此技术会不断进步,他不仅不会觉得工作无聊,还有机会成为这一行的高手。

一个叫泰莉的空中小姐,很喜欢环游世界,另一个空中小姐宝玲也一样,但她还希望有自己的事业,最好与旅游有关。宝玲每到一个地方,就会记下她经历的一切,尤其是当地旅馆及餐厅的情况,并不时地把自己的经验提供给乘客。

终于,她被调到安排旅游行程的部门,因为她就像一本活百科全书,掌握的旅游知识非常丰富。她在那个部门如鱼得水,更掌握了世界各大城市的旅游动态,几年之后,她已拥有一家自己的旅行社。

而泰莉呢?她还是一个空中小姐,还在努力工作,但显然并没有什么升迁机会。造成这一局面的原因在于,泰莉没有目标,只是随兴地到世界各地玩,没有把旅行看作发展潜力的活动。所以,没有特定目标并为之努力的人,往往终生都在原地打转。

如果一个人知道自己的目标,并且能完全投入,机会会不断涌现。人都有惰性,即使一心想成功的人,一样有提不起劲的时候。不过,只要你勇于承认这点,并坚持不向惰性屈服,成功便指日可待。

平心而论,美国前总统克林顿算不上天才人物,他能成为美国总统,与他中学时代的一次活动有一定关系。

克林顿的童年很不幸。他出生前4个月,父亲就出车祸死了。他母亲因无力养家,只好把出生不久的克林顿托给自己的父母抚养。童年的克林顿受到外公和舅舅的深刻影响。他从外公那里学会了忍耐和平等待人,从舅舅那里学到了说到做到的男子汉气概。他7岁时随母亲和继父迁往温泉城,不幸的是,双亲之间因意见和脾性不合发生激烈冲突。继父嗜酒成性,酒后经常虐待克林顿的母亲,小克林顿也经常遭其斥骂。这给从小就寄养在亲戚家的小克林顿的心灵蒙上了一层阴影。

不幸的童年生活,使克林顿养成了尽力表现自己、争取别人喜欢的性格。

克林顿在中学时代非常活跃,一直积极参与班级和学生会活动,并且有较强的组织和社会活动能力。他是学校合唱队的主要成员,而且被乐队指挥定为首席吹奏手。

1963年夏,他在"中学模拟政府"的竞选中被选为"参议员",应邀参观了首都华盛顿,这使他有机会看到了"真正的政治"。参观白宫时,他受到了肯尼迪总统的接见,并同总统握手、合影留念。

此次华盛顿之行是克林顿人生的转折点,从此,他的理想由当牧师、音乐家、记者或教师转向了从政,梦想成为肯尼迪第二。

有了目标和坚强的意志,克林顿此后30年的全部努力,都紧紧围绕这个目标。上大学时,他先读外交,后读法律——这些都是政治家必须具备的知识修养。离开学校后,他一步一个脚印:律师、议员、州长,最后到达政治家的巅峰——总统。

要取得伟大的成就,秘诀在于确定你的目标,然后采取行动,为之全力以赴,这样才能赢得辉煌的人生。

4.将大目标分解为小目标

查理·库冷先生曾说:"成为伟人的机会并不像急流般的尼亚加拉瀑布那样倾泻而下,而是缓慢地一点一滴汇聚而成。"

普林斯顿大学认为,目标也是这样。当你有一个大目标时,一下子实现并不是那么容易,所以要化整为零,将大目标分解为小目标。把一个个小目标实现了,离大目标也就越来越近了。

制定了目标,是不是就一定万事大吉了呢?俄国著名作家列夫·托尔斯泰曾给自己制定了一个生活准则,他强调"人活着要有生活的目标:一辈子的目标,一段时间的目标,一个阶段的目标,一年的目标,一个月的目标,一个星期的目标,一天、一小时、一分钟的目标"。有了目标,我们还要为实现目标制定计划,也就是说,把大目标分解为一个个具体可行的小目标,每天都努力地向目标靠近,不要将自己的目标束之高阁。当然,不同的目标有不同的分解方法。之所以这样做,是为了保证目标的连续性和可操作性。只有每个小目标实现了,大目标才有可能变为现实。另外,在制定目标时一定要切合自己的实际情况,不要"好高骛远"。如果你好高骛远,所制定的目标无法实现,那就毫无价值了。

25岁的时候,普雷斯失业了。在这个纽约城,处处充溢着富贵气息,他觉得失业很可耻。

普雷斯不知道该怎么办,因为他觉得自己能够胜任的工作非常

11

有限。

一天,普雷斯在42号街碰见一位金发碧眼的高个子男子。普雷斯立刻认出他是俄国的著名歌唱家夏里宾先生。普雷斯记得自己小时候,常常在莫斯科帝国剧院的门口,排队买票,每次都等待好久之后,方能购到一张票,去欣赏这位先生的演出。后来普雷斯在巴黎当新闻记者时,曾经采访过他,普雷斯以为他是不会记得自己的,然而他却还记得普雷斯的名字。

"很忙吧?"夏里宾问普雷斯。普雷斯含糊地回答了他。普雷斯想:他一眼就看出了我的境遇。"我的旅馆在第103号街,百老汇路转角,跟我一同走过去,好不好?"他问普雷斯。

走过去?当时已经是中午,普雷斯已经走了5个小时的马路了。

"但是,夏里宾先生,还要走60个横马路口,路不近呢。"

"谁说的?"夏里宾毫不含糊地说,"只有5个马路口。"

"5个马路口?"普雷斯觉得很诧异。

"是的,"他说,"我不是说到我的旅馆,而是到第6号街的一家射击游艺场。"

这有些答非所问,但普雷斯却顺从地跟着他走。一下子就到了射击游艺场的门口,看见两名水兵,他们好几次都打不中目标。然后他们继续前进。

"现在,"夏里宾说,"只有11条横马路了。"普雷斯摇摇头。

不一会儿,走到卡纳奇大戏院,夏里宾说:"我要看看那些购票的观众究竟是什么样子的。"几分钟之后,他们又前进了一段路。

"现在,"夏里宾愉快地说,"离中央公园的动物园只有5个横马路口了。里面有一只猩猩,它的脸很像我认识的唱次中音的朋友。我们去看看那只猩猩。"

又走了12个横马路口，已经来到百老汇路，他们在一家小吃店前面停了下来。橱窗里放着一坛咸萝卜。夏里宾遵医嘱不能吃咸菜，于是他只能隔窗望望。"这东西不坏呢，"他说，"使我想起了我的青年时期。"

普雷斯走了这么多路，原该筋疲力尽了，可是奇怪得很，今天反而没有那么累。这样走走停停地一路前进着，走到夏里宾住的旅馆的时候，夏里宾满意地笑了，"并不太远吧？现在我们来吃中饭吧。"

在午餐之前，夏里宾解释给普雷斯听，为什么要走这许多路。"今天的走路，你可以常常记在心里。"这位大音乐家严肃地说，"这是生活艺术的一个教训：你与你的目标之间，无论距离多么遥远，都不要担心。把你的精神集中在5个横马路口的短短距离，别让遥远的未来使你烦闷。要常常专注于未来24小时内使你觉得有趣的小玩意。"

夏里宾先生把60个路口，一次又一次地分割成更小的目标，最终分割到5个路口。每次只是走一段路实现一个小的目标，那么未来目标实现起来就容易多了。

在人生的道路上，每一个人最初都有远大的目标，可是，最终实现的人有多少？半途而废丧失信心的人又有多少呢？

1984年，在东京国际马拉松邀请赛中，名不见经传的日本选手山田本一出人意料地夺得了世界冠军。当有人问他凭什么取得如此惊人的成绩时，他说了这么一句话：凭智慧战胜对手。

当时许多人都认为这个偶然跑到前面的矮个子选手是在故弄玄虚。他们认为马拉松赛是考验体力和耐力的运动，只要身体素质好又有耐性就有望夺冠，爆发力和速度都还在其次，说用智慧取胜确实有点让人难以相信。

两年后，意大利国际马拉松邀请赛在意大利北部城市米兰举行，山田本一代表日本参加比赛。这一次，他又获得了世界冠军。有人又问他有什么秘诀。

山田本一性情木讷，不善言谈，回答的仍是上次那句话：凭智慧战胜对手。10年后，这个谜底终于被解开了，在他的自传中，他是这样写的：每次比赛之前，我都要乘车把比赛的线路仔细地看一遍，并把沿途比较醒目的标志画下来，比如第一个标志是银行，第二个标志是一棵大树，第三个标志是一座红房子……这样一直画到赛程的终点。比赛开始后，我就以百米冲刺的速度奋力地向第一个目标冲去，等到达第一个目标后，我又以同样的速度向第二个目标冲去。40多公里的赛程，就被我分解成这么几个小目标轻松地跑完了。起初，我并不懂这样的道理，把我的目标定在40多公里外终点线上的那面旗帜上，结果我跑到十几公里时就疲惫不堪了，我被前面那段遥远的路程给吓倒了。

可见他用的是分解目标这一智慧，这的确是一个很不错的方法。有这样一则寓言：一只新组装好的小钟放在两只旧钟当中。两只旧钟"滴答""滴答"一分一秒地走着，其中一只旧钟对小钟说："来吧，你也该工作了，可是我有点担心，你走完3300万次后，恐怕便吃不消了。""天哪，3300万次！"小钟吃惊不已，"要我做这么大的事？办不到，办不到。"它非常失望地站着。另一只旧钟见了，说："别听他胡说八道，不用害怕，你只要每秒钟'滴答'摆一下就行了。""天下哪有这样简单的事？"小钟高兴地叫起来，"只要这样做，那就容易多了。好，我现在就开始。"于是，小钟很轻松地每秒钟"滴答"摆一下，不知不觉中，一年过去了，它摆了3300万次。

在一个大目标面前,或许我们觉得自己根本无法实现目标,常常会因为目标的遥远和艰辛而气馁,甚至怀疑自己的能力;而在一个小目标面前,我们却往往充满信心地完成。有些急功近利的人,一开始就给自己定下大目标,天长日久,当他发现目标离自己仍很遥远时,就会因为自卑而放弃努力。其实,我们可以把每个大目标分成无数个我们可以实现的小目标,当你认认真真做好了每一件事的时候,实现了每个小目标的时候,大目标也就离你不远了。

在生活中,很多人之所以做事会半途而废,往往不是因为难度较大,而是觉得距成功太遥远。他们不是因失败而放弃,而是因心中无明确而具体的目标而倦怠乃至失败。如果我们懂得分解自己的目标,一步一个脚印地向前走,也许成功就在眼前。

清楚表述未来之梦及人生目标之后,你就可以着手制定长期和短期的目标了。目标不单可以用业绩表示,也可以用时间表示。目标可以涉及人生的各个领域,视你想取得什么成就而定。积土成山,积沙成塔,积水成渊,积小胜为大胜,积小目标为大目标。这样一点一滴地去积累成功,才能赢得更大的成功。

5.太多的目标等于没有目标

有一个很上进的年轻人,总对自己的生活感到不满,时常觉得烦躁、困惑,朋友问他为什么,他说:

人生　就像
自 行 车

"我是个很有理想并且愿意为此努力的人，从小我就有很多人生目标。自从大学毕业以后，我就开始经营我的理想和事业，可到现在我付出了许多，学到了很多本领，却一事无成。比如，我一毕业马上去学会计，我觉得那更实用；后来我发现心理学在今后一定有很大的发展空间，我马上又去学心理学；同时，我想踏实干好现在的工作以证明自己，但因压力又去进修与工作相关的计算机编程，我想我很快就会成为一名高手。诸多的课程让我很疲惫，但是我想到未来这些课程一定会有用，又不忍心放弃，可事实上到现在为止，我所学的课程进度都很慢，所以我很烦恼，为什么我这么努力却看不到成就呢？"

目标太多，却没有分身之术；举棋不定，不知应该坚持还是放弃。不知道你是否有过同样的困惑。

普林斯顿大学给这些困惑的人做过这样的比喻，"这种选择就像在过一个陌生的十字路口，只要你选准一条路径直往前走，每一条路都可以通往目的地。可如果总是怀疑自己的方向不对，一次又一次地退回来选其他的路，那么不管你以什么样的速度走都总在原地徘徊，永远走不到你的目的地。你付出的越多你就越会觉得疲劳和辛苦。"

约翰从一家广告公司的小职员，做到副总，正是得益于这番金玉良言。

刚到那家公司上班时，约翰很勤奋，很快就掌握了工作的窍门，做起事来得心应手，每天大约只用一半的时间就能完成老板交代的工作。空闲时间一多起来，他便想起自己学生时代曾写了一半的长篇小说——一直以来,当个小说家也是他的梦想之一,于是,他在空闲的时间里便继续他的文学创作。

有一天,老板发现了他的秘密,约翰很不安,但老板并没有批评他,而是与他进行了一次开诚布公的交谈。

老板很温和地问他:"我看过你的小说,写得还不错呀!但是,我希望你能和我说说,对人生,你有什么样的规划?"

这个问题早在五年前他就想得很明白。所以他信手拈来,告诉了老板他的很多梦想,比如当一名作家、一名设计师、一个企业的高级管理者、一名出色的服装设计师……

老板很认真地听他说完,并没有做出任何评价,只是问约翰是否听到过这样的故事:

"在森林里,三条猎狗追赶一只土拨鼠。情急之下,土拨鼠钻进了一个树洞里。这个树洞只有一个出口。三条猎狗就死守在树下。过了一会儿,一只兔子钻出树洞,飞快地跑,跑着跑着就爬到一棵大树上。兔子得意地嘲笑树下的三条猎狗,结果它得意忘形,一不小心从树上掉了下来,砸晕了正仰头看它的三条猎狗。兔子趁机逃掉了。嗯,想一想,这个故事有什么问题吗?"

约翰觉得很有趣,认真想过后回答:"第一,兔子不会爬树;第二,一只兔子不可能同时砸晕三条猎狗。"

老板笑着说:"分析得不错,可是,最重要的问题是,土拨鼠哪儿去了?"

约翰恍然大悟,"对呀!怎么把它给忘记了?"

老板笑着说:"这只土拨鼠就好像是你最初为自己设定的人生目标。显然,这个目标被你忽视了。想必你已经忘记了?当初刚进公司的时候,你曾信心百倍地说过一句话——'我要做一个出色的广告人',正是这句话打动了我,我才让你到我的公司里来的,你不会不记得了吧?"

约翰这才明白老板的用意。这时,老板又补充说:"我相信你是广告策划方面难得的人才。我只是想提醒你,人的精力有限,要想做到面面俱到,是不太现实的。好好做你的广告策划,你会前途无量的。至于写小说,搞设计,最好只当成业余爱好。要记住,人生的目标不能太多,人这一辈子若能把一件事做出色,就已经是很大的成功了。"

此后,约翰便时常用这话来敲打自己,两年后,他终于升为广告策划总监,最后成为了公司副总。

一般情况下,人们对生活的迷失都是所要或所想的太多,而又一时达不到目标造成的。他们总是目标多多,精力分散,总是做着这件事,又想着那件事,最后什么也做不好,还错过了许多近在咫尺的成功机会。所以他们永远也快乐不起来,因为他们永远都不能实现自己的理想。

大凡成功人士,都能专注于一个目标。伊斯特曼致力于生产柯达相机,这为他赚进了数不清的金钱,也给全球数百万人带来了不可言喻的乐趣;比尔·盖茨一心做软件开发,终成为世界首富……

每天都花一点点时间问一下自己的内心真正想要的是什么?什么才是你最快乐最满足的理想?慢慢地,你会发现,那些遥远的、不切实际的梦想和杂念都是你追逐美好生活的累赘,而那些离你最近的事物才是你的快乐所在。把精力集中在这些最能让你快乐的事情上,别再胡思乱想、偏离正确的人生轨道。只要我们一次只专心地做一件事,全身心地投入,就一定会收获更多的成果和快乐。

　　法国马赛一位名叫多梅尔的警官,为了缉捕一名罪犯,查阅了十几米高的文件档案,打了30多万次电话,足迹踏遍四大洲,行程达到80多万公里。

　　经过52年的漫长追捕,多梅尔终于将罪犯捉拿归案。此时多梅尔已经是73岁高龄。有记者问他这样做值得吗?他回答说:"一个人一生只要干好一件事,这辈子就没白过。"

　　当初多梅尔接过这个案子时,也许他并没有想到这会成为自己矢志不渝、奋斗终生的目标。他只是把它当作是一个普通案件,履行一个警官应该履行的职责。然而随着案情的一步步深入,作为一名执法者的高度责任感和使命感让他再也不能淡然处之了。因为一个无辜惨死的小姑娘的眼睛还没有合上,他时时刻刻都在被那双眼睛注视着。

　　也就是从这时候起,多梅尔把缉捕罪犯立为了自己的终生之志。

　　一任风霜雨雪,途程万里;一任寒暑过往,四时变易。18000多个日夜从身边流去了,意气风发的昂扬少年变成了垂垂老矣的衰年暮翁,但他仍然在执著地干着一件事。跬步之积而至千里,滴水之聚终成江河,经过52年的漫长耕耘,多梅尔终于有了收获。

　　当他把手铐铐在那名同样年老的罪犯手上时,竟然兴奋得像个孩子,"受害者可以瞑目了,我也可以退休了。"

　　一个人一生中只要能够干好一件事,当他回忆往事的时候,就不会因为虚度年华而悔恨,也不会因为碌碌无为而羞愧,他可以像多梅尔那样自豪地说上一句:"我这辈子没有白过!"

　　的确,人的一生很短暂,一个人一辈子能真正干好一件事就不错了。有的人,好高骛远,心性浮躁,频繁跳槽,这山望着那山高,到头来,虽说干过不少事,可连一件事也没有干好。有的人,不务正业,无所事事,一生的全部意义,就是证实了碌碌无为有多么可怕。

其实,我们如果把人类社会比做一座大厦,那么每个人就是大厦上的一块砖,只有大家都做到尽职尽责、干好自己该干好的那一件事,做一块质量合格的砖,大厦才能牢固、宏伟。当会计的不错算一笔账,当营业员的把微笑送给客户,当演员的努力塑造好每一个角色……这些都是很平凡的事,但一个人若能一辈子干好其中一件事,就没有虚度人生。想想看,美好的世界,不就是由这样美好的事组成的吗?

6.用坚定的信念为目标护航

人生一定要明确的目标。在追求目标的过程中,一定要坚定信念,咬定青山不放松,这样才能使自己全身心投入,行动起来也才能敏捷、有力。唯有保证目标正确、信念坚定、行动有力,才能保证不断迈向卓越的人生。

"目标"与"信念"这两个词经常连在一起。目标是外在的、具体的、实际的,信念则是内在的、抽象的、含蓄的。目标就像一个运动的靶子,如果我们没有认定目标的决心,内心没有坚定的信念,稍不留神,目标就会溜之大吉。心里有了对这个目标的专注、向往,才会对它产生一种激情,去追寻它、实现它、发展它。这种激情是源于对自己内心表现的一种认可,是自身价值在社会中所体现出来的一种认可,是信念的一种表现形式。

如果我们发现自己对人生充满了信心和激情,自然而然就会在心中树立起对这种信心和激情向往的坚定信念,朝着这个目标努力走下去。这种信念不是装出来,它是我们内心迸发出来的一种力量,是目标带来的信念与激情的良好结合。

有人说:信念是人生的太阳,也是目标前进的动力。这话一点儿都不错。

在20世纪50年代初,美国南加州一个小小的城镇中,一个小女孩抱着一堆书来到图书馆的柜台。

这个小女孩是个小读者。在她家,她父母的书满屋子都是,但都不是她想看的。所以她每个礼拜都会到这个坐落在一排木结构房子中的黄色图书馆来,里面的儿童图书馆在一个隐蔽的角落,她就在这个角落里碰运气,找她想看的书。

当白发苍苍的图书管理员正在为这个10岁的小女孩所借的书盖上日期戳印时,小女孩渴望地看着柜台上"新书专柜"的地方。她为写书这件事一再地惊叹,她觉得在书中开创另一个世界是何等的荣耀。

在这个特别的日子,她定下了她的目标。

"当我长大以后,"她说,"我要写书,我要当一个作家。"

图书管理员检索了她的戳记后,并没有像其他大人一样叫她谦虚点,而是微笑着鼓励她说:"如果你真的写了书,把它带到我们图书馆来,我会把它展示出来,就放在柜台上。"

小女孩承诺说:"我一定会的。"

她长大了,她的梦也是。

人生 就像
自 行 车

她在九年级时有了第一份工作——撰写简短的个人档案,每写一个档案,地方的报社就会给她1.5元钱。对于这份工作,钱的吸引力比起让她的文字出现在报刊上的魔力来说要逊色多了。通过这份工作,她的写作能力得到了很大的提高,但这离写一本书还有很长的路要走。

后来,她当上了学校的校内报纸的编辑,结婚,有了自己的家,而写作的火焰还在她的内心深处燃烧着。她有了一个兼职的工作——把学校发生的新闻编成周报。

但书还是连影子也没有。

后来,她又到一家大报社从事全职工作,甚至尝试编辑杂志。但还是一直没写书。

最后,她相信她有话说了,于是开始创作。她把作品送给两家出版商过目,但遭到拒绝,于是她悲伤地把它收了起来。7年后,旧梦复燃,她有了一个经纪人,又写了另外一本书。

她把藏起来的那本书一起拿出来,很快,两本书都找到了出版商。

但书的出版比报纸慢得多,所以她又等了两年。有一天,一个邮包寄到她门前,她打开一看,哭了起来,里面是她的新书。等了这么久,她的梦终于实现了,此刻就放在她的手上。

她记起了当年那个图书馆管理员的邀请和她的承诺。

当然,那个特别的管理员早已去世,小小的图书馆也扩建成了大图书馆。

她打电话问了图书馆馆长的名字。她给这位图书馆馆长写了一封信,说了以前的那位图书管理员对一个小女孩的意义有多重大。她写信问她是否可以带两本书送给图书馆,因为这对当时那个10岁的小女孩而言是件大事,图书馆复电表示欢迎,所以她带了她的两本书去了。

她发现新的大图书馆就在她高中的母校对面,几乎就在她老家的旧址上,从前隔壁的人家都已经拆除了,变成了市中心,还有这间大图书馆。

她把她的书交给图书馆管理员,图书管理员把它们放在柜台上,还附上了解说。那一刻,她的面颊上满是泪水。

她拥抱了图书馆工作人员之后离开了,在外面照了一张相片来证明虽然经过了三十多年,但她的梦想成真了,承诺也兑现了。

站在图书馆公布栏的海报旁,10岁小女孩的梦想和这名作家终于合二为一了,海报上写着:欢迎归来,姜·米歇尔!

老图书管理员的一句话,如同一把火点燃了小女孩心中的希望,激励了她孜孜以求的一生。她的成功再次启示我们:命运并不存在于一个小时的决定中,而是建筑在远大目标的建立、经受考验和默默无闻的工作的基础上。梦想绝不会一帆风顺,青云直上。要想成功,就要靠着顽强的信念和斗志,克服障碍,寻求机会,不懈攀登。

罗杰·罗尔斯出生在纽约声名狼藉的大沙头贫民窟。那里环境肮脏,充满暴力,是偷渡者和流浪汉的聚集地。在那儿出生的孩子从小就逃学、打架、偷窃、甚至吸毒,长大后很少有人从事体面的职业。然而,罗杰·罗尔斯却是个例外,他不仅考入了大学,还最终成了纽约州的州长。

在就职的记者招待会上,一位记者问他:"是什么把你推向州长宝座的?"面对三百多名记者,罗尔斯对自己的奋斗史只字未提,只

人生　就像
自 行 车

谈到了他上小学时的校长——皮尔·保罗。

皮尔·保罗担任诺必塔小学的董事兼校长的时候正是美国嬉皮士流行的时代，他发现诺必塔小学的穷孩子们比"迷惘的一代"还要无所事事。他们旷课、斗殴、甚至砸烂教室的黑板。皮尔·保罗想了很多办法来引导他们，可是没有一个是奏效的。后来他发现这些孩子都很迷信，于是他上课的时候就多了一项内容——给学生看手相。他用这个办法来鼓励学生。

一天，当罗尔斯从窗台上跳下，伸着小手走向讲台时，皮尔·保罗托着他的小手说："我一看你修长的小拇指就知道，将来你是纽约州的州长。"当时，罗尔斯大吃一惊，因为长这么大，只有他奶奶让他振奋过一次，说他可以成为五吨重的小船的船长。这一次，皮尔·保罗先生竟说他可以成为纽约州的州长，着实出乎他的预料。他记下了这句话，并且相信了它。

从那天起，"纽约州州长"就像一面旗帜引领着罗尔斯，他的衣服不再沾满泥土，他说话时也不再污言秽语，他开始挺直腰杆走路。在以后的40多年间，他没有一天不按州长的身份要求自己。51岁那年，他终于成了纽约州州长。

罗尔斯在他的就职演说中说："信念值多少钱？信念是不值钱的，它有时甚至是一个善意的谎言，但是你一旦坚持下去，它就会迅速升值。"

信念这种东西任何人都可以免费获得，所有成功的人，最初都是从一个小小的信念开始，信念是所有奇迹的萌发点。

面对人生旅途中的挫折与磨难，我们需要清醒的头脑，更需要有坚定的信念。支撑我们为人生目标奋斗的，有家庭、责任，还有爱——这些都是影响我们信念坚定与否的重要因素。当我们明白为什么而做、为谁而做的时候,我们的激情就更加凸显,我们的创造力更能得到发挥,我们达成目标的动力也更能得到进一步的增强。

7.追求目标要有毅力还要有弹性

成功的方法不仅仅在于坚韧地奋斗,更应该发挥自己的想象力与创造力,因为成功的道路并不只是一条。一条路行不通,要积极、灵活地寻找另一条通往成功的路,这样才可以使自己立于不败之地。

桑德斯上校是"肯德基炸鸡"连锁店的创办人,他在65岁高龄时才开始从事这个事业。当时他身无分文,孑然一身,当他拿到生平第一张救济金支票时,金额只有105美元,他的内心极度沮丧。但他不怪这个社会,也没有写信去骂国会,而是心平气和地问自己:"我对人们到底能做出何种贡献呢?我有什么可以回馈的呢?"随后,他便思量起来,试图找出可为之处。

头一个浮上他心头的答案是"我拥有一份人人都会喜欢的炸鸡秘方,不知道餐馆要不要?我这么做是否划算?"随即他又想到:"我真是笨得可以,卖掉这份秘方所赚的钱还不够我付房租呢!如果餐馆的生意因此提升的话,那又该如何呢?如果顾客增加,且指名要点炸鸡,或许餐馆会让我从中抽成也说不定。"

好点子固然人人都会有,但桑德斯上校跟大多数人不一样,他不但有想法,还知道怎样付诸行动。随后,他便挨家挨户拜访,把他的想法告诉每家餐馆:"我有一份上好的炸鸡秘方,如果你能采用,相信你们的生意一定能够提升,而我希望能从增加的营业额里抽成。"

很多人都当面嘲笑他:"得了吧,老家伙,若是有这么好的秘方,你干嘛还穿着这么可笑的白色衣服?"这些话是否让桑德斯上校打了退堂鼓呢?丝毫没有,因为他还拥有天字第一号的成功秘诀,我们称其为"能力法则",即"不懈地拿出行动":每当你做什么事时,必须从中好好学习,找出更好的方法。桑德斯上校确实奉行了这条法则,从不为前一家餐馆的拒绝而懊恼,反倒用心修正说辞,以更有效的方法去说服下一家餐馆。

桑德斯上校的点子最终被接受。你可知先前他被拒绝了多少次吗?整整1009次!在过去两年的时间里,他驾着自己那辆又旧又破的老爷车,走遍了美国每一个角落,困了就和衣睡在后座,醒来逢人便诉说他那些点子。他为了给别人示范而炸的鸡肉,经常就是果腹的餐点。历经1009次的拒绝,整整两年的时间,有多少人还能够锲而不舍地继续下去呢?真是少之又少了,也无怪乎世上只有一位桑德斯上校。我们相信很难有几个人能受得了20次的拒绝,更遑论100次或1000次的拒绝了。然而这也正是成功的可贵之处。

如果你好好审视历史上那些成功立业的大人物,就会发现他们都有一个共同的特点,那就是不轻易为"拒绝"所打败而退却,不达成理想、目标、心愿,就绝不罢休。

华特•迪斯尼为了实现建立"地球上最欢乐之地"的美梦,四处向银行融资,可是被拒绝了302次之多。如今,每年有成百万游客享受到前所未有的"迪斯尼欢乐"，这全都出于一个人——华特·迪斯尼的决心。

再来看一个故事：

伊尔莎年轻的时候，有一天，父亲带她登上了罗马一座教堂的塔顶。

"往下瞧瞧吧，伊尔莎！"父亲说道。

伊尔莎鼓足勇气朝脚下看去，只见星罗棋布的村庄环抱着罗马，如蛛网般交织密布的街道，一条条都通往罗马广场。

"好好瞧瞧吧，亲爱的孩子，"伊尔莎的父亲温柔地说，"通往广场的路不止一条。生活也是这样。假如你发现走这条路到不了目的地，就走另一条路试试！"

伊尔莎的生活目标是成为一名时装设计师。然而，在她向这个目标前进了一小段路之后，就发现此路不通。她想起了父亲的话，决定换一条前进的道路。

伊尔莎来到了巴黎这个全世界的时装中心。有一天，她碰巧遇到一位朋友，这位朋友穿着一件非常漂亮的毛绒衣，颜色朴素，但织得极其巧妙。通过朋友介绍，伊尔莎知道织这位毛衣的太太名叫维黛安，她在她的出生地美国学会的这种针织法。

伊尔莎突然灵机一动，想出了一种更新颖的毛线衣的设计。接着，一个更大胆的念头涌进了她的脑中：为什么不利用父亲的商号开一家时装店，自己设计、制作和出售时装呢？可以先从毛线衣入手嘛！

于是，伊尔莎画了一张黑白蝴蝶花纹的毛线衣设计图，请维黛安太太先织一件。织好的毛衣漂亮极了。伊尔莎穿上这件毛线衣，参加了一个时装瞩目的午宴，结果纽约一家大商场的代表立即订购了40件这样的毛线衣,并要求两星期内交货。伊尔莎愉快地接受了。

然而,当伊尔莎站在维黛安太太面前时,维黛安太太的话让她的兴奋一下子消失得无影无踪了。"你要知道,织这么一件毛线衣,我几乎要花上整整一星期的时间啊!"维黛尔太太说,"两星期要40件?这根本不可能!"

眼看胜利在望,此路又不通了!伊尔莎沮丧至极,垂头丧气地告辞了。走到半路上,她猛然止步,心想:一定另有出路。这种毛线衣虽然需要特殊技能,但可以肯定,在巴黎,一定还会有别的美国妇女懂的。

伊尔莎连忙赶回维黛安太太家,跟她说了自己的想法。维黛安太太觉得有道理,表示乐意协助。伊尔莎和维黛安太太就像侦探一样,调查了住在巴黎的每一位美国人。通过朋友们的辗转介绍,她们终于找到了20位懂得这种特殊针织法的美国妇女。

两个星期以后,40件毛线衣按时交货,从伊尔莎新开的时装店,装上了开往美国的货轮。此后,一条装满时装和香水的河流,从伊尔莎的时装店里源源不断地流出来了。

如果你有了目标,就要积极地实现它,并努力尝试不同的方法。正所谓条条大路通罗马,人生目标的实现,不只有一条路可走。

多方努力去尝试,凭毅力、有弹性地去追求所企望的目标,最终必然会得到自己所要的,千万别在中途便放弃希望。从今天起拿出必要的行动,哪怕只是小小的一步,勇敢地向前迈进。

第二章

不努力，你就到不了目的地

人生就像自行车，说得再好听，也必须靠自己用力骑才能前进，当然有时候不用力也能前进，但请别忘记了那是在走下坡路。

1.没有不劳而获的东西

有一位非常有亲和力的国王,他爱民如子,在他的领导下,人民丰衣足食,安居乐业。深谋远虑的国王担心自己死后,人民再也过不上幸福的生活,于是召集了国内的一些贤达之士,命令他们找到一个能确保人民生活幸福的智慧法则,以启示后人。

半年后,这些贤达之士把自己夜以继日、呕心沥血合写而成的一本很厚的帛书呈给国王,说:"国王陛下,天下生活幸福的智慧都汇集在这一本书内。只要人民读完它,就能确保他们的生活无忧了。"国王不以为然,因为他认为人民不会花那么多的时间来看书。所以他命令这些贤达之士继续钻研,三个月后,这些人将书的厚厚缩至一半,但国王还是不满意。又过了一个月,贤达之士把一张纸呈给了国王,国王看后非常满意地说:"很好,只要我的人民日后能真正奉行这条宝贵的智慧法则,我相信他们一定能过上富裕幸福的生活。"

原来,纸上只写了一句话:"天下没有不劳而获的东西。"

我们都想找到成功的捷径,却不明白做任何事都要认真踏实,这样才能有所成就。我们脑中存在的想要不劳而获的想法会阻碍我们取得成功。

自从听说有人在萨文河畔散步时无意间发现金子后,那里便常常有来自四面八方的淘金者。他们都梦想着一夜之间成为富翁,于是不辞辛苦地寻遍整个河床,甚至还在河床上挖出很多大坑。

的确,有一些人找到了金子,但更多的人却一无所得,只好扫兴而归。

也有不甘心落空的,便驻扎在这里,继续寻找。彼得·弗雷特就是其中的一员。他在河床附近买了一块没人要的地,一个人默默地工作。为了找金子,他已把所有的钱都押在了这块地上。他埋头苦干了几个月,翻遍了整块地,但连一丁点金子都没看见。6个月以后,他连买面包的钱都没有了。于是他准备离开这儿到别处去谋生。

就在他即将离开的前一天晚上,天下起了倾盆大雨,一下就是三天三夜。雨终于停了,彼得走出小木屋,发现眼前的土地看上去好像和以前不一样了:坑坑洼洼已被大水冲刷平整,松软的土地上长出一层绿茸茸的小草。

"这里没找到金子,"彼得忽有所悟地说,"但这土地很肥沃,我可以用来种花,再拿到镇上去卖给那些富人。他们一定会买些花装扮他们家的。如果真这样的话,那么我一定会赚很多钱,有朝一日我也会成为富人……"

于是,他留了下来。他花了不少精力培育花苗,不久田地里长满了美丽娇艳的各色鲜花。

5年后,彼得终于实现了他的梦想,成了一个富翁。他无比骄傲地对别人说:"我是唯一一个找到真金的人!我的'金子'就在这块土地里,只有勤劳的人才能采集到。"

只有勤劳的人才能采集到真正的"金子"。因此,人生幸福的必要条件是勤劳,劳动本身足以给我们带来愉快与满足感。

2.成功是"走"出来的

著名数学家华罗庚说过:"勤能补拙是良训,一分辛苦一分才。"通往成功的路虽然有很多条,但每条路上都会遇到相同的困难:曲折和坎坷。不管智商多高的人,也只有"勤奋"这一条路。"勤奋是金",是取得成功的不二法门。

随着社会的发展,越来越多的人开始喧嚣、浮躁起来,期望不付出任何代价就能取得成功。有这种投机取巧想法的人显然无法实现他们的心愿,因为如果没有勤奋作为基础,成功只能是纸上谈兵。

很久以前,有一个叫汉克的年轻人,他一心想要成为一名百万富翁。他觉得成为百万富翁的捷径便是学会炼金之术。

因此,他把自己所有的时间、金钱和精力都花在寻找炼金术这件事情上。很快,他就花光了自己的全部积蓄,变得一贫如洗,连饭都没的吃了。妻子无奈,只好跑到父亲那里去诉苦。她父亲决定帮女婿改掉恶习。

于是,妻子的父亲叫来汉克并对他说:"我已经掌握了炼金之术,只是现在还缺一样炼金的东西……"

"快告诉我还缺什么?"汉克急切地问道。

"好吧,我可以让你知道这个秘密,我需要三公斤香蕉叶的白色绒毛。这些绒毛必须是你自己种的香蕉树上的。等到收齐后,我便告诉你炼金的方法。"

汉克回到家后立刻将荒废多年的田地种上了香蕉。为了尽快凑齐绒毛，他除了种以前就有的自家的田地外，还开垦了大量的荒地。香蕉成熟后，他便小心地从每张香蕉叶上刮白绒毛，他的妻子则把一串串香蕉拿到市场上去卖。就这样，10年过去了，汉克终于收齐了三公斤绒毛。这天，他一脸兴奋地拿着绒毛来到岳父的家里向岳父讨要炼金之术。

岳父指着院中一间房子说："现在你把那边的房门打开看看。"

汉克打开了那扇门，立即看到满屋金光，里面竟全是黄金，他的妻子就站在屋中。妻子告诉他这些金子都是用他这10年里所种的香蕉换来的。面对满屋实实在在的黄金，汉克恍然大悟。

这个故事和滴水穿石的道理是一样的。我们经常在屋檐下的石阶上看见一行小坑，这些小坑不是人为凿出来的，而是屋檐上的水滴下来，总是滴落在同一个地方，长年累月形成的。这种现象在心理学上称为"滴水效应"，意思就是，只要一心一意地做事，持之以恒，不半途而废，就一定能够达成愿望，走向成功。

成功没有秘诀，也没有捷径。只有脚踏实地，靠自己的双手辛勤劳动，才能够为自己赢得成功。

雷石东小的时候在拼写方面表现出过人的天赋——别人随口说出一个单词，他都可以拼写出来。母亲为此感到很欣喜，安排他参加全国拼词大赛。雷石东没有辜负母亲的期望，拼写着那些复杂而生僻的单词，一路过关斩将，杀至决赛。

在决赛前夕，雷石东心想自己一定可以夺得美国最优秀的单词拼写者的奖牌，他甚至开始想象自己站在考官和一大群欢呼的观众面前的情景。然而，到考试那天，考官让他拼写Tuberculosis（肺结核）这个单词，他头脑一热，脱口而出"t—u—b—e—r—c—u—s—i—s"。他漏掉了一个音节。正是这一个小小的失误，他最终被淘汰出局。

　　母亲伤心欲绝，泪水夺眶而出。她没有办法接受儿子失败的现实，梦想破灭的绝望深深地刻在她脸上。这一幕也深深烙在雷石东的脑海里，从这时起，懵懂的他暗暗下决心，一定要好好努力，争取以后不再让母亲失望。

　　从此，学习几乎成了他生活的全部。每天早上，自打从床上爬起来的那一刻开始，他就像进入了激烈的战场，埋头于学习之中。正所谓"天道酬勤"，在波士顿拉丁学校毕业典礼上，雷石东以该校300年来最高的平均分毕业，被授予现代拉丁文奖、古典拉丁文奖和本杰明·富兰克林奖，并且获得了前往哈佛大学深造的奖学金。从哈佛毕业后，雷石东依然时刻不忘奋发进取。50年间，雷石东从一个机车影院的老板，成为一个年收入高达246亿美元的传媒帝国的领袖。

　　曾有记者问李嘉诚他的成功秘诀。李嘉诚没有直接回答，而是讲了这样一个故事：

　　日本"推销之神"原一平在一次演讲会上，当有人问他的成功秘诀时，他当场脱掉鞋袜，将提问者请上台，说："请您摸摸我的脚板。"
　　提问者摸了摸，十分惊讶地说："您脚底的老茧好厚呀！"原一平说："是啊，这就是我成功的秘诀——走的路比别人多，跑得比别人勤。"

　　讲完这个故事，李嘉诚微笑着说："我没有资格让你来摸我的脚板，但我可以告诉你，我的脚底的老茧也很厚。"

不仅李嘉诚，任何一个人的成功都不可能完全抛开"勤奋"二字，任何一种成就必然与懒惰者无缘。有人曾这样说：世界上能登上金字塔塔尖的生物有两种：一种是鹰，一种是蜗牛。前者是从小经过不断的练习，从而掌握飞翔的技能；而后者，在外形和能力上与前者有着天壤之别，却能够达到同样的成就，秘诀只有两个字：勤奋。

并不是每个人都拥有异于常人的智慧和技能，但是，每个人都可以做到勤奋。拥有了勤奋，就拥有了一生的财富。即使是智力一般的人，只要勤奋努力，也能弥补自身的缺陷，成为一名成功者。

勤奋刻苦是一所高贵的学校，所有想成功的人都必须进入其中，在那里学到有用的知识、独立的精神和坚忍不拔的品质。

3.不断学习才会进步

在这个变化越来越快的现代社会，每个人现有的知识和技能都很容易过时，只有不断地学习，才不会被社会所淘汰。德国设计中心主席彼得·扎克说："在人生的这场游戏中，你要拥有生活和学习的热情，吸收能够使自己继续成长的东西来充实你的头脑。"

这是美国东部一所规模很大的大学毕业考试的最后一天。在一座教学楼前的阶梯上，有一群机械系大四学生挤在一起，他们正在信心满满地讨论几分钟后就要开始的考试。

人生　就像
自 行 车

考试就要开始了,他们喜气洋洋地走进教室。教授把考卷发下去,学生都眉开眼笑,因为他们注意到只有五道论述题。

三个小时过去了,教授开始收考卷。学生们似乎不再那么有信心,他们脸上一派忐忑。教授端详着面前学生们担忧的脸,问道:"有几个人把五个问题全答完了?"

没有人举手。

"有几个人答完了四个?"

仍旧没有人举手。

"三个?两个?"

学生们在座位上不安起来。

"那么一个呢?一定有人做完一个了吧?"

全班学生仍保持沉默。

教授放下手中的考卷说:"这正是我所预期的。我只是要让你们知道,即使你们已完成四年工程教育,但仍旧有许多有关工程的问题你们回答不了。这些你们不能回答的问题,在日常操作中却是非常普遍的。"

教授带着微笑说下去:"这次考试你们都会及格,但要记住,虽然你们大学毕业了,但是你们的学习才刚刚开始。"

只有不断学习的人,才不会被社会淘汰,也只有随时随地对生活抱着一种学习心态的人,才能使心态保持年轻,让自己充满活力。

在不断变化的现代社会,在充满竞争的职场上,学习能力将会成为成就一个人的重要条件。学无止境,向身边的人学习,更是终身的职责。

麦克和约翰都是一所医学院的学生,毕业时,麦克选择了一家省城医院,约翰则选择了一家市级医院。他们为自己的选择做出了充分的解释。麦克说:"省城医院专家教授多,接触的病人也多,在那里一定能得到很大的锻炼,有所成就。"约翰说:"省城医院人才济济,我们只不过是普通医学院的毕业生,去了还不是做些跑腿、打杂的工作,能有什么发展前途?市级医院福利待遇也不低,而且很看重我们这些刚毕业的学生,在那里才有前途。"

10年过去了,麦克成为省内专家,约翰到省城进修,正是跟随麦克学习!昔日同学,今朝师徒,令人尴尬。麦克请约翰出去吃饭,两人边吃边聊,约翰不解地问:"当年省城医院分去那么多学生,都是非常优秀的人才,你成绩并不突出,究竟怎么取得今天的成绩的?"

麦克想了想,拿起身边的茶水洒到桌子上说:"同样是一杯水,洒到桌子上很快就干了,而盛在杯子里就永远有机会。我来到省城医院后,一开始,确实像你说的,不受人重视,天天跟着专家教授做做记录、查查房。有些一起来的学生觉得做这些事没有用处,开始敷衍了事,可我不这样想,我认为天天跟专家教授在一起,即便再笨,耳濡目染也会受到影响,会有进步。就这样,一天天、一年年过去了,我就取得了今天的成绩。"

约翰仔细听着,若有所思地说:"说得好,你从与你竞争的对手身上看到了成功的道路,学到了成功的秘笈啊。当年,你从我的选择上看到了我的缺点,你做出了正确的选择;工作后,你从那些同事身上学到了工作的方法,这比学习专业知识还要重要。而我,贪图享受,惧怕竞争,更不懂得随时随地向他人学习,取长补短,说到底,缺少学习能力,才导致今日的结果。"

麦克听了,笑着说:"竞争不会结束,我们可以开始新一轮的比赛。"

此后,约翰努力向麦克学习,有医学知识,也有不懈追求、勇于向竞争对手学习的精神,经过多年努力,他也成为当地有名的医生。

瓦尔特·司各脱爵士曾说:"每个人所受教育的精华部分,就是他自己教给自己的东西。"由此可知,学习带给我们的财富是无法估量的。

所以,只有抱着不断学习的心态的人,才能够永远保持积极乐观的态度,永远走在时代的前端。

4.惰性荒废年华

人生的路程就是一次勤奋累积的过程,越是勤奋,得到的越多,而懒惰只会让原来所有的慢慢荒废掉。

懒惰的人往往有一种依赖的心理,认为在某个时候会出现奇迹,或者会有人来帮助他。

懒惰就像一只蚂蚁,它可以不知不觉中在你的人生航船上制造出一个大洞,让你渐渐沉没。

勤劳的人是抵抗厄运的能手,而懒惰的人往往携带着厄运一路奔走,而最为可悲的是,就连懒惰的人自己本身也不知道厄运的将近,而是得意地期盼着奇迹的出现。其实人生没有奇迹,只有踏实地劳动、勤奋地耕耘,才能有所收获。

威廉·江恩,一个很普通的小男孩,最终却创造了非凡的奇迹。他出生在美国德克萨斯州的一个爱尔兰家庭。他家里并不富裕,他的母亲常常为一日三餐发愁。

少年时代的江恩只读了几年书便早早辍学了,他不得不像大人一样,为了生计奔波。江恩在火车上卖报纸、送电报,贩卖明信片、食品、小饰物等东西,赚取微薄的收入,以贴补家用。与其他报童们不同的是,江恩放报纸的大背包里时刻都装着书,空闲的时候,当别的报童们纷纷去听火车上卖唱的歌手们唱歌或跑到街上玩耍时,江恩便悄悄地躲到车站的角落里读书。

随着他读书的数目和种类的增多,他对知识的获取也越来越执著,在学习的过程中,江恩意识到,自然法则是驱动这个世界的原动力。

江恩的故乡盛产棉花,在对过去十几年棉花的价格波动做了分析总结后,当时24岁的江恩,第一次买卖棉花期货,幸运的是他竟从中小赚了一笔,之后他又做了几笔交易,几乎笔笔都赚。

在棉花期货上的成功坚定了江恩投资资本市场的信心。不久,江恩到俄克拉荷马去当经纪人。当别的经纪人都将主要精力放在寻找客户以提高自己的佣金收入时,江恩却把美国证券市场有史以来的记录收集起来,一头扎进了数字堆里,在那些数据中寻找着规律性的东西。

同事们笑他迂腐,笑他找不到客户,还暗地里给他起了个外号叫"路芙根的大笨蛋"。江恩并不理会这些,依然我行我素。他用几年的时间去学习自然法则和金融市场的关系,不分日夜地在大英图书馆研究金融市场过去一百年里的历史。

终于,在1908年,江恩30岁的时候,他移居纽约,成立了自己的经纪公司。同年8月8日,江恩发展了他最重要的市场趋势预测法:控制时间因素。

经过多次准确预测后,他成功了,因此声名远扬。

当然,在当时,有许多人对江恩一次次对证券市场的准确定位颇为不理解,更有一些人认为江恩根本没有那么大的本事,他的成功只不过是传媒在事实的基础上进行了大肆渲染而已。

1909年10月,为了证明事情的真实性,记者对江恩进行了一次正式访问。在报社人员和公证人员的监督下,江恩在当月的25个市场交易日中进行了286次买卖,最终的结果是,264次获利,22次损失,获利率高达92.3%。这一结果立即在当时的美国金融界引起轩然大波,人们简直不敢相信这个事实,惊呼这个年轻人简直太"幸运"了!

在以后的几年里,江恩继续着他的神话,他在华尔街共赚取了五千多万美元的利润,也因此创造了美国金融市场白手起家的神话。不仅如此,他潜心研究得出的"波浪理论"还被译为十几种文字,作为世界金融领域从业人员必备的专业知识而被广为传播。

许多时候,人们总会用"幸运"来形容某个人的崛起与成功,还有一些人会经常抱怨自己时运不济,对生活和事业中的"不公平"产生困惑与不满。事实上,"幸运"的得来靠的是艰苦卓绝的努力与永不放弃的执著。

成功不会去敲一个懒汉的门,只有勤奋才能产生奇迹。要想成为精英中的精英,就不能让懒惰把你困住。

马克是一家餐饮店的老板,在他的经营下,餐饮店的生意一天比一天兴隆。马克特别勤劳,每天都第一个进入公司,晚上也最后一个离开公司。对他来说,双休日是不存在的。

然而马克的儿子却是一个十分懒散的人,大学毕业后整天无所事事,不想工作。马克很担心儿子,便对他说:"既然你已经毕业了,那就来餐饮店上班吧。只要你勤奋一点,就一定会成功的。"

儿子听后十分高兴,认为当老板实在是太轻松了,便立刻答应了马克的要求,而马克也放手让他去经营店铺。

没想到,一年后,这家餐饮店就因为经营不善而面临关门,而且还欠下了很多债务。马克简直不相信自己的眼睛,一年前还客源不断的餐饮店,现在竟然要面临关门的危机。他问儿子:"你是怎样管理餐饮店的?"儿子很委屈地答道:"其实也没什么了,起初我看客人挺多的,也就没有想过什么问题,就任由一切人与事按原来的状态发展,没想到后来会发展成这样。"

马克听后明白了,只说了一句话:"一切都是懒惰惹的祸。"然而此时他的儿子还不知道是什么原因导致了破产,仍在嘀嘀咕咕地说:"怎么可能呢?这么大的餐饮店就这样没有了?"

马克的餐饮店之所以会倒闭,是因为他的儿子根本没有意识到勤奋的重要性,以为什么都是自然而然、水到渠成的事情,但他没想到的是,懒惰的结局也是自然而然的失败。正是因为他的懒惰才让餐饮店一天天走向败落,"成就"了最后的关门"大吉"。

懒惰总会遭受厄运,因为懒惰是一种停滞的状态,由于外来力量的破坏,这种停滞将受到冲击,直到你再也没有抵抗能力。

5.面对现实,将黑暗的阴影抛在身后

假使你觉得自己的前途无望，觉得周遭的一切都黑暗惨淡，那你要立刻转过身，朝向另一面——朝那希望与期待的阳光努力奔去,将黑暗的阴影抛在身后。

曾经有这样一个年轻人,他家境赤贫,连父亲去世后买棺材的钱都是邻居亲友凑齐的。父亲亡故后,他母亲在制伞工厂上班,每天工作10个小时,下班后,还带些按件计酬的工作回家做,一直忙到晚上11点。

在这种境遇中成长的他,少年时有一次参加话剧演出,他觉得很有趣,从而决心要学好演讲。这成为他日后从政的契机,30岁时他终于当选为纽约州议员,但当时他尚欠缺履行议员职责的准备。

由于他的文化程度很低,所以,他在工作中碰到很多困难。当他阅读冗长而复杂的议案资料时,他完全弄不明白;再有,虽然他从未踏进森林一步,却被选为《森林法》立法委员;而从未跟银行打过交道的他,又被选为《银行法》立法委员会的一员。

这些都使他感到懊悔烦闷,但面对此种困境,他没有退却。他认识到,只有发奋图强,才可以弥补一切。他下定决心,每天学习16个小时,对一切问题都培养兴趣并加以钻研。

自学10年后,他成为纽约州政治事务的最高权威,获得了无数的荣誉:连选为4届纽约州长,6所大学——包括哈佛大学和哥伦比亚大学,都赠予这个小学都未毕业的男人名誉学位。

《纽约时报》曾盛赞他是"纽约最受欢迎的公民"。这个不凡的人就是亚当·史密斯。

每一个人都不必为自己没有进入理想的学校，或者有过某些过错与损失而悲伤不已，而是应该更加努力地去接受现实生活中的每一件事。事情已经发生了，无论怎样悔恨和叹息都是没有用的，唯一可做的就是接受它，并且更加努力地做好自己该做的事。在这方面，很多人为我们树立了典范。

高中毕业后，猫王靠开卡车为生。1953年，他用开车攒下的钱在孟菲斯市的一个录音棚里录制了一盘自弹自唱的磁带，作为给母亲的生日礼物。机缘巧合，录音棚的老板山姆·菲利浦斯听到了他的歌声，并被这个卡车司机独特的演唱风格和对音乐的执著深深打动了。山姆立即跟猫王签约，请他加入了自己的太阳唱片公司。

玛丽莲·梦露，原名诺玛·吉恩·默顿森，出生在美国洛杉矶。1944年，梦露在军工厂流水线车间上班时，被一个陆军摄影师注意到了。摄影师请她为几幅宣传画做模特，她从此走红。不久，一家模特中介公司与梦露签约，并送她进表演班学习。1946年，她正式加入20世纪福克斯电影公司。

麦当娜于1958年出生在密歇根州，高中毕业后进入密歇根大学，并获得舞蹈系的奖学金。但她两年后辍学，前往纽约寻求发展。成名之前，她在德肯油炸圈饼店里当售货员，之前她还当过清洁工和衣帽间的侍者。

肖恩·康纳利1930年出生于苏格兰的爱丁堡，他做过泥瓦匠、游泳馆的救生员等。1950年他在"世界先生"健美赛上获得季军后，开始在电影里饰演一些小角色,后来因为出演《诺博士》中的詹姆斯·邦德(007)而一炮打响。康纳利共主演过6部"007"系列片和很多脍炙人口的影片,并获得了第60届奥斯卡"最佳男配角"奖……

如果你现在的生活环境不是你梦寐以求的理想环境,不要悲观,因为最重要的,不是我们现在在什么地方,拥有什么样的条件,而是我们正在朝着什么方向迈进,在付出什么样的努力!

6.永远别把希望寄托在别人身上

有人相信,一个人的命运是上天注定的,跟后天的个人努力无关。这是一种宿命论,持有这种观点的人什么都不做,只是等待着好运或是厄运降临在他们的身上。

但事实上,只有你,才是自己的命运之神!要永远地相信自己,如果你真正地做到了,那么你离成功已经不远了。

每个人都有巨大的潜能,只是有的人的潜能已经苏醒了,有的人的潜能却还在沉睡。只要抱着积极的心态去努力地开发你的潜能,你的能力就会越来越强,你离成功也会越来越近。相反,如果你抱着消极心态,不去开发自己的潜能,任它沉睡,那你就只能叹息命运的"不公"了。

阳阳是家里的独子,父母对他一向疼爱有加,饭来张口,衣来伸手。

懒得动手又不爱动脑的阳阳勉强上学上到初中。不上学了就需要下地干活，可父母心疼他年纪还小，不让干活。阳阳也懒得动弹，每天不是躺在家里就是出去游荡。他觉得有父母在，自己不用操心。就这样，家里的重担都落在了父母的身上。因为过于操劳，父亲一年后过世了。可阳阳还是什么都没有改变，他想着这不是还有母亲吗？

阳阳又过了几年游手好闲的日子，之后母亲也离开了人世，这下他懵了，这可怎么办呢？很快他就想开了："我是这村里的人，村里人总不能看着我饿死吧！"村里人看他可怜，给他点吃的喝的，可时间一长，大家也不愿意再帮他。村里人劝他："你有手有脚，不憨不傻，自己去找点儿活干吧。"

没办法，阳阳只好投奔邻村的表哥，表哥为他找了一份在建筑工地打零工的活，每天管三顿饭，还有20元工资。晚上睡在水泥地上，饭菜也很简单寡淡。从小就没干过重活累活的他，哪能吃得了这种苦。没干一个星期，阳阳就从工地溜走了。

好心的表哥又给他介绍了几份工作，可脏活累活他不愿意干，体面的工作他干不了。后来，他干脆赖在表哥家里白吃白住。表哥见他这个样子，仅有的一点儿怜悯之心也没有了，将他赶出了家门。

无论你出身贫寒还是腰缠万贯，想要幸福的生活，都必须学会独立，抛弃依赖心理，不做缠绕的菟丝花。只有拥有独立意识，通过自己的努力，才能改变自己的处境，才能改变自己的命运！

开启成功之门的钥匙，必须由你亲自来锻造。锻造的过程，就是唤醒你的潜能、释放你的潜能的过程。正如达特茅斯说的那样：如果我们做出所有我们能做的努力，我们毫无疑问地会使自己大

人生 就像
自 行 车

吃一惊。

杰弗里·波蒂洛说:"如果你不把自己的命运交给他人,你就可以自己决定自己的命运。"

杰弗里·波蒂洛小学六年级的时候,考试得了第一名,老师送给他一本世界地图。

波蒂洛很高兴,跑回家就开始看这本世界地图。那天正好轮到他为家人烧洗澡水。波蒂洛就一边烧水,一边在灶边看地图,看到一张埃及地图时,他想:"埃及真好,有金字塔,有埃及艳后,有尼罗河,有法老王,有很多神秘的东西,长大以后如果有机会我一定要去埃及。"

当波蒂洛正看得入神的时候,突然有一个人从浴室冲出来,用很大的声音对他说:"你在干什么?"

波蒂洛抬头一看,原来是爸爸,赶紧说:"我在看地图。"

爸爸很生气,说:"火都熄了,看什么地图?"

波蒂洛说:"我在看埃及的地图。"

爸爸跑过来"啪、啪"给他两个耳光,然后说:"赶快生火!看什么埃及地图?"打完后,又踢了波蒂洛一脚,把他踢到火炉旁边去,严厉地说:"别做白日梦了,你这辈子都不可能到那么遥远的地方去!赶快生火!"

波蒂洛听了,呆愣地看着爸爸,心想:"爸爸说的是真的吗?我这一生真的不可能去埃及吗?"

20年后,波蒂洛第一次出国就要去埃及,他的朋友都问他:"为什么去埃及?"

波蒂洛说:"因为我要为我的生命不要被保证而努力。"

波蒂洛坐在金字塔前面的台阶上时,买了张明信片。他写道:

"亲爱的爸爸:我现在在埃及的金字塔前面给你写信,记得小时候,你打了我两个耳光,踢了我一脚,保证我不可能到这么远的地方来。现在我就坐在这里给你写信……"

"我的生命不要被保证!"这是一种多么催人进取的力量啊!

每个人都应该具有自强不息的努力精神,凡事靠自己,断绝依赖他人的念头。

7.多做一些,就向前迈进一步

任何成功都是付出了艰辛的努力才得来的。一分努力,一分收获。

早晨,当别人还在睡懒觉时,他在跑步;晚上,当别人在闲聊时,他在看书;星期天,当别人出去游玩时,他在学习;工作中,别人都敷衍了事,他却事事认真;几年后,当他的同班同学都还是一个普通的会计员的时候,他已经是一个公司的财务总监了。别人问他:"你是怎么做到的?"他说:"很简单,每天多做一些。"

每天多做一些,每天就向前迈进一步,人生的差别就在于此。如果你每天比别人多做一些,几年之后,你就会将别人远远地甩在身后。

一位哲人指出:懒惰是世界上最大的浪费。人懒事事难,人勤事事易。只有在达到目标过程中面对阻碍全力拼搏的人,才有可能达到成功的巅峰,才有可能走在时代的前列。

有一天,尼尔去拜访毕业多年未见的老师。老师见了尼尔很高兴,询问他的近况。

这一问,引发了尼尔一肚子的委屈。尼尔说:"我对现在做的工作一点都不喜欢,和我学的专业也不相符,整天无所事事,工资也很低,只能维持基本的生活。"

老师吃惊地问:"你的工资如此低,怎么还无所事事呢?"

"我没有什么事情可做,又找不到更好的发展机会。"尼尔无可奈何地说。

"其实并没有人束缚你,你不过是被自己的思想困住了。明明知道自己不适合现在的位置,为什么不去再多学一些其他的知识,找机会跳槽呢?"老师劝尼尔。

尼尔沉默了一会儿说:"我运气不好,好运不会降临到我头上的。"

"你天天在幻想好运,却不知道机遇都被那些勤奋和跑在最前面的人抢走了。你永远躲在阴影里不走出来,哪里还会有什么好运?"老师郑重其事地说,"一个不肯付出努力的人,永远不会得到成功的机会。"

勤奋是成就美好未来的色彩,而那些从来不尝试接受新的挑战、不愿去从事对自己最有利的艰辛繁重的工作的人,是永远不可能有太大成就的。

徐海打小就性格老实,待人真诚。刚刚大学毕业的时候,他在一家大企业做销售员。他没有多少工作经验，再加上沉默寡言，不会虚伪奉承，同事和领导都没有太注意他。

这天他早早就上班了，因为公司最近引进了一批新产品，每个人都被分配了好多工作，不早点儿去，干不完呢。徐海到了一会儿后，同事们也都来了，都在议论老板太抠门了，这么多工作，却不增加人手，每天把他们累得够呛。

正说着，领导又开始派活了："小刘，开发区那个公司，你今天要去跟进一下，争取把这个单子拿下来！"

"经理，昨天你交代我的活还没干完呢！"小刘一脸的不悦。

"那好吧，小张，你去！"

"经理，我今天要去两个地方，你说的那个地方太远了，我根本来不及，这样吧，你让徐海去吧。"小张打着哈哈。

"徐海，你去，怎么样？"

"好，没问题，保证完成任务！"徐海乐呵呵地答应了，却遭到了同事鄙夷的低语："傻瓜！"

徐海一天跑了3个公司，每个都不顺路，大夏天的但他一根冰棍也没顾上吃，全身衣服都湿透了。虽然很累，但他心里很高兴，因为今天收获不小。

公司的领导注意到了这个小伙子，发现他勤快，对工作不挑不拣，努力向上，还总是积极主动地揽活。领导决定以后多给他点机会。

两年后，徐海的工作业绩在公司遥遥领先，他被提拔为部门经理，以前嘲笑他的同事则都成了他的下属。

可想而知，想要成就一番事业，需要付出很多努力才能实现，只有孜孜不倦地勤奋学习、工作，才会慢慢地成就梦想。

第三章

有人"宝车"不老,有人提前"报废"

人生就像自行车,有人爱护有加就"宝车"不老,有人懒得"打理",往往提前"报废"。要想让被淘汰的风险远离自己,唯一的办法就是多做些准备。

1.有备方能无患

《尚书》里说:"在安定的时候,要想到未来可能会发生的危险;你想到了,就会有所准备;有所准备,就不会发生祸患。"

从前,有个国王令人养了很多战马,尽管敌国一直伺机要攻打该国,终因了解到他们有许多能征惯战的好马而作罢。于是国王便想:"如今敌兵退散,养这些马还有何用?不如让它们去劳作。"于是国王就将这些战马"改行"让人们牵去拉磨。邻国得知这一消息后,再次兴兵进犯。当国王下令召回那些良马参加战斗时,它们却因常年拉磨,已经丧失了奔驰能力,而且,无论主人怎么狠命鞭打,它们都只是在原地转圈,最终邻国毫不费力地攻占了这个国家。

世上有这样的一句话:"曾经有一个非常好的机会,可惜我没有把握住。"遗憾的是,这种事情在很多人身上都发生过。其实,机会对我们所有人来说都是平等的, 它有可能降临在我们每一个人的身上,但前提是:在它到来之前,你一定要做好准备。

有一个叫罗伯特的美国人,想用80美元来周游世界,别人都认为他是痴心妄想。

罗伯特没有理会那些冷嘲热讽,他找出一张纸,写下这次旅行应做的准备:

人生　就像
自 行 车

1.设法领取到一份可以上船当海员的文件；

2.去警察局申领无犯罪证明；

3.考取一个国际驾驶执照，找来一套地图；

4.与一家大公司签订合同，为之提供所经国家的土壤样品；

5.同一家胶卷公司签订协议，可以在这家公司的任何一个分公司免费领取胶卷，但要拍摄照片为该公司做宣传；

……

当罗伯特完成上述的准备之后，他就在口袋里装好80美元，开始了自己的旅行。最终，他完全实现了自己的梦想。

以下是他旅行经历的一些片段：

1.在加拿大巴芬岛的一个小镇用早餐，他未付分文，条件是为这家餐馆拍照并承诺在旅行中宣传；

2.在爱尔兰，花5美元买了4箱香烟；从巴黎到维也纳，费用是送司机一箱香烟；

3.从维也纳到瑞士，由于他所搭乘货车的司机在半路得了急病，已经拥有国际驾驶执照的他将司机送到医院，并将货物安全送到了目的地。货运公司非常感激他，专门派车将他送到了瑞士，当然是免费的；

4.在西班牙一家新开张的公司门口，由于他们用来拍摄庆祝场面的照相机出了故障，罗伯特免费为他们拍摄了照片，他们送给罗伯特一张到达意大利的飞机票；

5.在泰国，由于提供了一份关于美国人最近旅游习惯的资料，他在一家高档的宾馆享受了一顿丰盛的晚餐；

……

一般人容易错失机会,智者善抓机会,成功者创造机会。对有所准备的罗伯特来说,遍地都是机会。

在2005年的西甲赛场上,新近出现了一位神奇的门将,他就是西班牙的卡梅尼。本赛季卡梅尼6次扑点球成功,而罚球者都是声名显赫的球员,如托雷斯、罗纳尔多、巴普蒂斯塔和洛佩斯等。

如今,卡梅尼已经成了西甲不折不扣的"点球大师",尽管他才二十出头。对于扑点球,他有着自己独特的理解:"罚点球就像西方的决斗,要想战胜对手,你就必须了解对手,了解对手使用什么武器,知道对手会往哪个方向踢、会踢半高球还是低平球。"

当然,要做到这一点,卡梅尼付出了极大的努力。据他的教练恩科马透露,卡梅尼每场比赛之前都要观看无数的录像带,尤其是对手罚点球的录像带。"在走上球场之前,卡梅尼其实早就知道,对方阵中谁会主罚点球,主罚点球的人用的会是左脚还是右脚,喜欢往左边踢还是往右边踢。"

正因为这样,西班牙人俱乐部宣布,联赛结束后的第一件事,就是给卡梅尼加薪并修改合同,全力保住这名天才门将。

一个如此年轻的球员,能够在高手如林的西甲联赛中,得到这种别人梦寐以求的发展机会,并不仅仅缘于教练恩科马的精心培养,更重要的是,他用充分的准备为自己创造了一片新天地。

机会对于有准备的人来说,是通向成功之路的催化剂;对于缺乏准备的人来说,却只能白白错过。

2.每一次差错皆因准备不足

一个缺乏准备的人一定是一个差错不断的人,他纵然具有超强的能力,千载难逢的机会,也不保证能获得成功。

一个年轻的猎人带着充足的弹药、擦得锃亮的猎枪去寻找猎物。虽然老猎手们都劝他在出门之前把弹药装在枪筒里,但他还是带着空枪走了。

"废话!"他嚷道,"我到达那里需要一个钟头,哪怕我要装100回子弹,也有的是时间。"

但是,仿佛命运女神在嘲笑他的想法似的,他还没有走过开垦地,就发现一大群野鸭密密麻麻地浮在水面上。以往在这种情景下,猎人们一枪就能打中六七只。可如今他匆匆忙忙地装着子弹时,野鸭发出一声鸣叫,一齐飞了起来,很快就飞得无影无踪了。

他徒然穿过曲折狭窄的小径,在树林里奔跑搜索,却连一只麻雀也没有见到。

真糟糕,不幸一桩连着一桩——霹雳一声,大雨倾盆。这个猎人浑身上下都是雨水,袋子里空空如也,只好拖着疲乏的脚步回家去了。

在看到猎物的时候才去装弹药,连作为一名猎手最起码的准备工作都没有做好,当然不可能有什么收获了。

没错,做好准备才是成功的前提!这一点在阿尔伯特·哈伯德身上得到了很好的验证。

阿尔伯特·哈伯德有一个富足的家庭,但他还是想创立自己的事业,因此他很早就开始了有意识的准备。他明白像他这样的年轻人,最缺乏的是知识和经验。因而,他有选择地学习一些相关的专业知识,充分利用时间,后来,他有机会进入哈佛大学,开始了一些系统理论课程的学习。

经过一次欧洲考察之后,他开始积极筹备自己的出版社。他请教了专门的咨询公司,调查了出版市场,尤其是从从事出版行业的威廉·莫瑞斯先生那里得到了许多建议。这样,一家新的出版社——罗依科罗斯特出版社诞生了。由于事先的准备工作做得好,出版社经营得十分出色。他不断将自己的体验和见闻整理成书出版,名誉与金钱相继滚滚而来。

阿尔伯特并没有就此满足,他敏锐地观察到,他所在的纽约州东奥罗拉,当时已经渐渐成为人们度假旅游的最佳选择之一,但这里的旅馆业却非常不发达。这是一个很好的商机,阿尔伯特没有放弃这个机会。他抽出时间亲自在市中心周围做了两个月的调查,了解市场的行情,考察周围的环境和交通。他甚至亲自入住一家当地经营得非常出色的旅馆,去研究其经营的独到之处。后来,他成功地从别人手中接手了一家旅馆,并对其进行了彻底的改造和装潢。

在旅馆装修时,他根据自己的调查,接触了许多游客。他了解到游客们的喜好、收入水平、消费观念,更注意到这些游客正是由于对繁忙工作的厌倦,才在假期来这里放松的,他们需要更简单的生活。

因此,他让工人制作了一种简单的直线型家具。这个创意一经推出,很快受到人们的关注,游客们非常喜欢这种家具。他再一次抓住了这个机遇,于是,一个家具公司诞生了。家具公司蒸蒸日上,同时他的出版社还出版了《菲利士人》和《兄弟》两份月刊,其影响力在《致加西亚的信》一书出版后达到顶峰。

我们可以看到,阿尔伯特的成功是建立在充分的准备基础上的,正是因为具有充分的准备意识,所以他才能够在面临机遇时果断出击,最终成就了事业的辉煌。

"你准备好了吗?"成为阿尔伯特的公司全体员工的口头禅,成功地形成了"准备第一"的企业文化。在这样的文化氛围中,公司的执行力得到了极大的提升。

1915年之后,罗依科罗斯特公司的重担落到了刚刚而立之年的小伯特·哈伯德身上。

小伯特完全丢掉了父亲阿尔伯特赖以成功的准备意识,丢掉了"准备第一"的企业文化。

当阿尔伯特发现了小伯特这一弱点后,就经常提醒他:"准备赢得一切! 一个意识不到准备的重要性的人, 无论做什么都不会成功。"但是,小伯特却从没有把父亲的话真正放在心上,他认为准备太简单了,根本不像父亲所说的那样玄妙,一个人要想成功,只要勤奋、敬业就成了。

阿尔伯特去世后,面对家族企业中繁重的工作,小伯特毫不畏惧,他立志要完成父亲还没有完成的事业。于是,小伯特每天都工作12个小时以上,面对困难永远勇往直前,忙碌的程度远远超过了他的父亲。

但是,他对图书的构成和运作规律一无所知,也根本没有去留意过家具市场的变化和风险,当然就谈不上什么成熟的思路。日益忙碌的他悲哀地发现,他付出的努力几乎没有任何价值,企业开始走上了下坡路。

由于小伯特的影响,公司原本形成的"准备第一"的企业文化已经荡然无存;员工们也开始像小伯特一样,什么事情都是先做了再说。长此以往,工作效率自然极其低下,使得公司的危机不断扩大。就这样,罗依科罗斯特公司几经风雨飘摇,最后终于被并股和收购。

阿尔伯特因对准备的极度重视而赤手打下一片天地;小伯特则因对准备的重要性浑然无知,白白地葬送了一个企业。

父子两个人的不同结局告诉我们:准备是一切工作的前提。只有充分地准备才能保证工作得以完成;相反,没有准备的工作是毫无头绪的,也无法判断结果,会留下许多漏洞和隐患,失败也就不可避免了。

一个做好准备的人就是一个已经预约了成功的人。在工作中要时时刻刻提醒自己:我准备好了吗?还有什么需要准备的?我所准备的是最适合我的吗? 当你得到的肯定答案越多时,获得成功的可能性也就越大。

3.多一分准备,就少一分被淘汰的风险

要想让被淘汰的风险远离自己,唯一的办法就是多做些准备。

在任何一家企业,都有一些常规性的调整。公司负责人经常送走那些无法对公司有所贡献的员工,同时也吸纳新的成员。无论业务如何繁忙,这种调整一直在进行着。那些无法胜任工作、缺乏才干的人,都被摒弃在企业的大门之外,只有那些最能干的人,才会被留下来。

这种被淘汰的风险,是我们每一个人都非常关注也都感到非常困惑的问题。应对这种风险最基本的方法就是准备,准备工作多做一分,相应的风险就会减少一分。这就要求我们对待任何事情都必须具有“万一……怎么办”的意识,做到凡事都未雨绸缪、预做准备,从而减少风险发生的几率。反之,你所做的准备越少,承受的风险也就会越大。这个道理在自然界早已得到了很好的印证。

在一望无际的大草原上,一匹狼吃饱了,安逸地躺在草地上睡觉,另一匹狼气喘吁吁地从它身边经过,焦急地说:“你怎么还躺着,难道你没听说,狮子要搬到咱们这里来了,还不赶快去看看有没有别的地方适合咱们居住。”

“狮子是我们的朋友,有什么可怕的,再说这里的羚羊这么多,狮子根本吃不完,别白费力气了。”躺着的狼若无其事地说。那匹狼看自己的劝说没有效果,只好摇摇头走了。

后来,狮子真的来了,只来了一只。但由于狮子的到来,整个草

原上羚羊的奔跑速度变得快极了,这匹狼再也不像从前那样轻而易举就能获得食物了。当它再想搬到别处去时,却发现食物充足的地方早已经被其他的动物捷足先登了。

这个故事告诉我们:危险无处不在,唯有踏踏实实地做好准备,才是真正的生存之道。否则,当你醒悟过来的时候,危险早已经降临到你的头上了。

也许有人会说,有些事情是我们个人的力量所无法控制的,对于这些事情,做再多的准备也没有用。但是虽然你无法控制危险的发生,但可以凭借充分的准备来减少甚至避免危险所造成的损失。

在古老的地球上,生活着种类繁多的爬行动物,有恐龙,也有蜥蜴。一天,蜥蜴对恐龙说:"我发现天上有颗星星越来越大,很有可能要撞到我们。"恐龙却不以为然,对蜥蜴说:"该来的终究会来,难道你认为凭咱们的力量可以把这颗星星推开吗?"

灾难终于发生了。一天,那颗越来越大的行星瞬间陨落到地球上,引发了强烈的地震和火山喷发。恐龙们四处奔逃,但最终很快死去了,而那些蜥蜴,则钻进自己早已挖好的洞穴里,躲过了灾难。

蜥蜴虽然知道自己没有力量阻止灾难的发生,但却有力量去挖洞来给自己准备一个避难所。

面对大的动荡或变革,人们的心态无非就是两种,一种是恐龙型的,一种是蜥蜴型的,但能够站在胜利彼岸的总是早有准备的蜥蜴型。

社会的发展、科技的更新使我们的工作和生活处在一种急速变

人生　就像
自 行 车

革的时代,这种趋势是无法改变和逃避的。在这种情况下,如果你像恐龙一样不去做准备的话,被淘汰的命运就会降临到你的身上。就像下面要说的这个工人一样。

在某个钟表厂,有一位工作非常卖力的工人,他的任务就是在生产线上给手表装配零件。这件事他一干就是10年,操作非常熟练,很少出差错,几乎每年的优秀员工奖都属于他。

可是后来,企业新上了一套完全由电脑操作的自动化生产线设备,许多工作都改由机器来完成,结果这名工人失去了工作。原来,他文化水平本来就不高,在这10年中又没有掌握其他技术,对电脑更是一窍不通,一下子,他从优秀员工变成了多余的人。

在他离开工厂的时候,厂长先是对他多年的工作态度赞扬了一番,然后诚恳地对他说:"其实引进新设备的计划我在几年前就告诉你们了,目的就是想让你们有个思想准备,去学习一下新技术和新设备的操作方法。你看和你干同样工作的小胡不仅自学了电脑,还找来了新设备的说明书研究,现在他已经是车间主任了。我并不是没有给你准备的时间和机会,但你都放弃了。"

新设备、新技术、新方法能帮助企业提高很多倍的工作效率,这种更新换代是谁也阻止不了的。但你有没有考虑过给自己的工作能力也进行更新,从而为这种变化做好准备呢?

在这种情况下,你如果不想被淘汰,就要有意识地多做准备,在工作中逐步提高自己的能力,而且这种提高的速度比环境淘汰你的速度要快。

多一分准备,少一分风险。你意识到了吗?

4.危机来临,处变不惊

遭遇猝不及防的危机时, 我们的心就会不由自主地最先狂跳,以至情绪失控,无法正常思考。但是我们知道"惊慌"对解决问题毫无意义,只会加快危机恶化的速度。要想在危机中求生路,必须先把心沉淀下来,拥有积极阳光的心态,保持不慌不忙、安之若素、稳如泰山的良好精神状态。

印度的一家豪华餐厅里,突然钻进一条毒蛇。当这条毒蛇从餐桌下游走到一个女士的脚背上时,这位女士没有惊慌地尖叫,而是一动不动地等那条蛇爬了过去。然后,她叫身边的侍童端来一盆牛奶放到了开着玻璃门的阳台上。

一位一起用餐的男士见此情景大吃一惊。他知道,在印度,把牛奶放在阳台上,只能是用来引诱毒蛇。他意识到餐厅中有蛇,便抬眼向房顶和四周搜寻,都没有发现,便断定蛇在桌子下面。为了避免有人发现毒蛇而慌乱, 他沉着冷静地对大家说:"我和大家打个赌,考一考大家的自制力。我数300下,这期间你们如能做到一动不动,我将输给你们50比索,如果谁动了,谁就输给我50比索。"

于是,大家都同意了这个赌约,一动不动,当那位男士数到280个数时,一条眼镜蛇向阳台那盆牛奶爬去。他大喊一声扑上去,迅速把蛇关在玻璃门外。客人们见此情景都惊呼起来,而后纷纷夸赞这位男士的冷静与智慧。

男士笑着指指那位女士说:"她才是最沉着机智的人。"

突遭危机是考察一个人定力的时候,如果你自己先乱了阵脚,行为失措,那你就没了能力去应对。只有处变不惊,头脑清醒冷静,你才会寻找到摆脱危机的办法。

临近圣诞节的一个晚上,英国一家大型剧场里座无虚席。台上的一个大笼子里,一位驯兽师正和几只孟加拉虎一起表演马戏。

正在大家为一个精彩的动作喝彩的时候,突然停电了,四周一片漆黑。如果老虎兽性发作,驯兽师就惨了。所有的观众都惊恐得屏住了呼吸。一分钟后,供电恢复正常,观众们看到驯兽师好像根本不知道停电,依然和孟加拉虎保持着表演的状态!

瞬间的惊讶之后,剧场里响起了雷鸣般的掌声。表演结束后,有人问驯兽师:"停电的时候,你不害怕老虎兽性发作、将你吃掉吗?"

驯兽师说:"害怕,灯光熄灭的一刹那,我的大脑一片空白,不过,顶多就两秒钟,我就镇定下来,因为我知道,灯光的熄灭虽然让我看不到老虎了,但是对老虎却没有什么影响,它并不知道发生了变故。于是,我强迫自己镇定下来,就当什么事情也没发生,跟往常一样,按照正常的步骤不停地挥舞鞭子,向老虎发号施令,只要它看不出破绽,我就得救了。"

生活中,任何人都难免会突然遭遇一些危机事件,这时候,人们最直接的反应就是紧张、害怕、不安和焦虑,若是不能很好地把握自己的心态,不能去控制这些负面情绪,慌作一团,只会使自己无法正常思考,也就无法找到应对危机的良策,甚至还会衍生出更多不必要的麻烦来。

所以当危机来临的时候,一定要镇静,不要慌张,只有保持积极
的心态才能更好地解决问题。

5.小心谨慎,必善其后

凡是小心谨慎的人,事后必定谋求安全的方法,因为只要戒惧,
必然不会犯下过错。这就要求我们三思而后行,不能鲁莽行事。

郑国的子产任相国后,巧妙地化解了一次强国入侵的危机。在
郑国南面的楚国是个大国,总想欺负比自己弱的郑国。后来,郑国的
大夫公孙段要把女儿许配给楚国的公子围,公子围也答应了。郑国
许多人都挺高兴,以为两国结了亲,郑国就不会受楚国的欺负了。但
子产认为楚国不会为了一个女孩子,就放弃消灭郑国的野心,所以
仍然时刻提防着楚国。

过了些日子,楚国通知郑国,要派大队兵马到郑国迎亲,还要
举行隆重的婚礼。郑国人欢天喜地,准备迎接楚国的迎亲队伍。子
产知道以后,心想,迎亲就迎亲吧,何必要派那么多军队来呢?楚
国一定不怀好意,想借娶亲的机会,攻占郑国的都城。于是,他立
刻埋伏好人马,防止敌人偷袭。没过几天,公子围果然亲自率领迎
亲队伍来了。他招亲是假,想借机打败郑国是真,所以带来不少精
兵强将。

这一队人马到了郑国都城下，见城门紧闭着，都大吃一惊，正在纳闷时，子产派了一个叫子羽的大臣出来见公子围。子羽说："我们郑国城小，你们迎亲的人太多。所以请你们就不要进城了，婚礼就在城外举行吧！"

公子围一听，火冒三丈，气哼哼地说："婚礼在野地举行，真是天大的笑话。你们不让我进城，这不是让天下人笑我们楚国无能吗？"子羽想起了子产嘱咐自己的话，就板着脸，不客气地说："直说了吧！我们不相信你们。你们真是来娶亲的吗？我们国小不算错，但如果因为国小就想依赖大国，自己不加防备，那就是错了。"

公子围惊讶地问："你这话什么意思？"子羽直截了当地说："我们同你们楚国结亲，本来想两国友好相处。可你们心眼儿太坏了，想趁机攻打我国，还以为我们不知道吗？"他说着，指了指楚国的军队。公子围听完，低下了头。他见郑国已有准备，只好放弃偷袭计划，对子羽说："你们要是不放心，我让我的士兵把箭袋倒挂着（实际上就是不带箭）进城好了。"子羽把这话报告给子产，子产这才答应让公子围进城。楚国士兵都不带武器，倒挂着箭袋，跟着迎亲队伍规规矩矩地进了城。这件事，如果不是子产有预见，郑国准得吃大亏。

子产正是因为做事谨慎才避免了国家的一场大祸。这就启示人们在做事以前一定要考虑周全，以免有所损失。

6.做人大忌,就是得意忘形

古往今来,凡是能够建立功业成就功勋的全都是谦虚圆融的人士,那些执拗固执、骄傲自满的人往往与成功无缘。

古话说得好:"得意者终必失意。"人生在世,无论什么时候都要学会内敛、谦虚。

有一位满腹经纶的学者,不远千里去拜访一位作家。作家在桌上准备了两只斟满茶水的杯子,然后坐下,开始讲解人生的意义。

这位学者听着听着,觉得其中某些话似曾相识,好像也不是什么高深的理论。于是他认为这位作家不过是浪得虚名,骗骗一般凡夫俗子而已。

学者越想越心浮气躁,坐立不安,不但在作家的讲道中不停地插话,甚至轻蔑地说:"哦,这个我早就知道了。"

作家并没有出言指责学者的不逊,只是停了下来,拿起茶壶再次替这位学者斟茶。尽管茶杯里的茶还剩下八分满,作家却没有把杯子里的茶倒出,只是不断在茶杯中注入温热的茶水,直到茶水不停地从杯中溢出,流得满地都是。杯子已满,学者见状,连忙提醒作家说:"别倒了,根本装不下了。"

作家听了,放下茶壶,不温不火地说:"是啊!如果你不先把原来的茶杯倒干净,又怎么能品尝我现在倒给你的茶呢?"学者恍然大悟,惭愧不已。

做人大忌，就是得意忘形。得意忘形是摧毁心智的一把利器。

不知你是否注意到，日常生活中，人们惯于津津乐道自己最高兴、得意的事。事实上，你最感兴趣的事，有时很难引起别人热烈的响应，而且还会让人觉得好笑。

"那一次的纠纷，如果不是我给他们解决了，不知还要闹多久，你要知道他们对任何人都不放在眼里，不过当着我的面他们就不敢含糊了。"即使这次纠纷确实是因为你的调解解决了，可是一句"当时我恰巧在场就替他们调解了"，不是更让人敬佩？一件值得称道的事，被人发觉之后，人们自然会崇敬你。但假如你自己不讲究技巧，一味地夸夸其谈，则很可能会遭到大家的蔑视或嘲笑。

法国大哲学家罗斯弗柯说："圣人谈话，如果把自己说得比对方好，便会化友为敌，反之，则可以化敌为友。"

1858年，林肯到半开化的伊里诺州南部去演讲。我们知道林肯主张解放黑奴，而伊里诺州南部的人民憎恨反对黑奴的制度。当他们听说林肯要去演讲，就预备闹乱子，想把林肯赶出当地，还想把他杀死泄愤。

林肯早已经知道在这个地方演讲是很危险的，然而，他说："只要他们肯给我一个说几句话的机会，我就可以把他们说服！"他在开始演讲之前，亲自去会见对方的头目，并且和他们热烈握手。

然后，他用十分文雅的态度，作了一篇精彩而妥帖的演说。这篇演说极为有力，林肯讲话的声音也十分谦逊恳切，因此，他把一场即将发生的险恶波涛，变成了一派风平浪静。他们本来仇视他，现在反把仇视变成了友善,而且对他的演说,还以热烈的掌声。后来,这群人还成为了林肯竞选总统时最有力的支持者。

7.努力培养好习惯,不断克服坏习惯

经常可以看到同一个班级、同一个老师教出来的学生,不仅仅是学习成绩差得远,而且走出校门以后,人生的境况更是天壤之别。我们不难发现,在学习和生活中有良好习惯的人,往往更容易成功。为什么会这样呢?因为,习惯引导了你的行为方式,你的行为方式又决定了你如何对待工作和生活。

一位诺贝尔奖获得者说:"好习惯使人终生受益。"在这句话的背后,隐含着另外一句话:坏习惯使人终生受害!为者常行,行者常至。也许可以这样说,成功的事业其实是好习惯的必然结果,而失败的事业和人生则是坏习惯导致的恶果。

美国康乃尔大学做过一个将青蛙分别放进冷水和沸水中的实验,所获得的完全不同的两种实验结果世人皆知。青蛙何以能自救于滚烫的沸水,却最终自戕于一锅温水?

因为,明显的危害总是能够让我们竭尽全力去对付、去避免,而对于那些潜在的危害,我们却往往感觉迟钝、重视不足,最终铸成难以弥补的大错。

心理学巨匠威廉詹姆士说:"播下一个行动,收获一种习惯;播下一种习惯,收获一种性格;播下一种性格,收获一种命运。"坏习惯是一生的累赘,它会将可撷取的成功果实化作东流水。

有一个关于坏习惯的经典案例,也许能给我们更多的启迪。

一个平时生活中坏习惯很多的小伙子,他一直没有得到爱神的青睐,他的朋友热心地给他介绍了一个女友。在他出门之前,他的朋友一再地劝告他:"你一定要收敛起你以前的坏习惯,第一,你下车后要替你女朋友开门;第二,你女朋友要入座时,你应帮她拉椅子;第三,她说话时你要温柔地看着她;第四,她需要什么东西,你一定要抢先做好,不要让她动手。如果这些你都能做到,那你十之八九就能成功得到她的芳心。"

第二天,朋友打电话问他昨晚上如何,他沮丧地说:"我没有希望了!"

朋友问他:"你是不是忘了替她开车门?"

他说:"不,她替我开的!"朋友又问:"你是不是忘了帮她入座?"

他说:"我没有那个习惯!"于是朋友又问:"你是不是在她说话的时候东张西望?"

他说:"不,我在打瞌睡!"

最后朋友问:"那你有没有动手帮她做什么事情呢?"他说:"我帮她打翻了她手里的饮料杯。"

朋友无语了。

这个小伙子平时养成的坏习惯就像是一盆温开水,让他不知不觉沉溺其中,渐渐变得迟钝了,久而久之,就让坏习惯葬送了自己的大好前程。

培根在《论习惯》中告诫我们:"人的思考取决于动机,语言取决于学问和知识,而他们的行动,则多半取决于习惯。"习惯的养成,好似透过不断的重复,使细绳变成粗绳,再变成绳索。每一次我们重复相同的动作,就增加并强化了它,最终就成了根深蒂固的习惯,把我们的思想与行为缠得死死的。

习惯是一柄双刃剑,好习惯是人生进步的阶梯,坏习惯则是绊脚石。要拥有成功与幸福的人生,就要努力培养好习惯,不断克服坏习惯。

从某种意义上说,改变我们的习惯,也就改变了我们的命运走向。

古人说:"少成若天性,习惯如自然。"一个最高尚的人也可以因坏习惯而变得愚昧无知、粗野无礼。坏习惯给我们的生活带来了不便,阻碍了我们前进的路。为了不让坏习惯左右我们的未来,从今天起不要再忽略坏习惯对我们的影响。朋友!克服坏习惯,养成良好的习惯吧!

8.无论做什么事,都不要逞匹夫之勇

办事要量力而行,对自己做不到的事,要说明情况,不要逞强。

"匹夫之勇"这个成语,最早出现在《孟子》一书中。这个成语带有贬义色彩,意思是逞强斗狠、不计后果地蛮干。据《孟子·梁惠王下》记载,有一次,齐宣王对孟子说:"我有个毛病就是喜欢'勇'"。孟子听了这话后心想："人君不可无勇。""勇"并不是坏毛病，问题在于如何正确地看待"勇"，于是便回答说："勇，有'小勇'、'大勇'之别，希望大王不要好'小勇'，而要养'大勇'。"

那么，什么是"小勇"，什么又是"大勇"呢？孟子说，一个人手握利剑，瞪大眼睛，高声吼道："谁敢抵挡我！"这就是匹夫之勇，是只能对付一人的"小勇"。而当国家面临强敌和霸权时，像周文王周武王那样敢于一怒而率众奋起抵抗，救民于水火之中，这就是"大勇"。

从孟子的这段话可以看出，匹夫之勇，是无原则的冲动，是只凭拳头和武力的血气之勇。而"大勇"则是孔子所说的"义理之勇"，也就是基于正义的勇敢；只要正义存于我方，即使对方有千军万马，我方也会勇往直前，大义凛然，无所畏惧。

北宋著名文学家苏轼，在他的《留侯论》一文中，进一步阐释了孟子的这个观点。文中写道："匹夫见辱，拔剑而起，挺身而斗，此不足为勇也。天下有大勇者，卒然临之而不惊，无故加之而不怒。此其所挟持者甚大，而其志甚远也。"

这段话的意思是说，在面临侮辱和冒犯时，一般人往往会一怒之下便拔剑相斗，这其实谈不上是勇敢。真正勇敢的人，在突然面临侵犯时，总是镇定不惊，而且即使是遇到无端的侮辱，也能够控制自己的愤怒。这是因为他胸怀博大，修养深厚。

春秋时，越王勾践被吴王夫差打败，被囚禁在吴国三年，受尽了侮辱。回国后，他自励图强，立志复国。

十年过去了，越国国富民强，兵马强壮，将士们又一次向勾践来请战："君王，越国的四方民众，敬爱您就像敬爱自己的父母一样。现在，儿子要替父母报仇，臣子要替君主报仇。请您再下命令，与吴国决一死战。"

勾践答应了将士们的请战要求，把他们召集在一起，对他们说："我听说古代的贤君不为士兵少而忧愁，只是忧愁士兵们缺乏自强的精神。我不希望你们不用智谋，单凭个人的勇敢，而希望你们步调一致，同进同退。前进的时候要想到会得到奖赏，后退的时候要想到会受到处罚。这样，就会得到应有的赏赐。进不听令，退不知耻，则会受到应有的惩罚。"

到了出征的时候，越国的人都互相勉励。大家都说，这样的国君，谁能不为他效死呢？由于全体将士斗志十分高涨，终于打败了吴王夫差，灭掉了吴国。

刘邦做了皇帝以后，在洛阳宫宴请群臣的时候说："我之所以能成功，顺利取得天下，是因为能够知道每个人的特长，并且也懂得如何让他发挥长处。"然后他问韩信对自己的看法。韩信回答说："大王您很清楚自己各方面的才能与长处，因此您其实心里明白，说到机智与才华，其实是不如项王。不过我曾经当过他的部下，对于他的性情、作风、才能，了解得比较清楚。项王虽然勇猛善战，但是却不知道如何用人，因此一些优秀杰出的贤臣良将虽然在他手下，可惜都没能好好发挥各自的专长。所以项王虽然很勇猛，却只是匹夫之勇，做事不懂得深谋远虑、三思而行。而大王善于任用贤人勇将，把天下分封给有功劳的将士，使人人心悦诚服，所以天下终将成为大王您的。"

所以，无论做什么事，都不要逞匹夫之勇，也只有这样才能更好地保护自己。革命导师列宁在上班途中碰到劫匪，不假思索地把钱交给了匪徒,全身而退。伟人们遇到"屋檐",还知道暂时低头,我们又何必为逞匹夫之勇而遭罪呢?

水往低处流,那是一种迂回和策略,正因为水肯于在大山的阻隔下改道,最终才会赢得"青山遮不住,毕竟东流去"的胜利。"小不忍则乱大谋",为了大谋,就要忍得眼前的羞辱,"留得青山在,不怕没柴烧。"

匹夫之勇是一种盲动冒进;英雄之忍是一种战术迂回。避其锋芒,韬光养晦,才能积蓄力量,把握战机,后发制人。英雄之忍可以铸成大事,匹夫之勇只会贻笑大方。

生活中,当我们面对无端的责难,面对百般的嘲讽,面对不平的待遇,面对一切我们难以忍受的苦楚时,请发扬流水不争先的隐忍精神,多一些理智,少一些鲁莽,走好人生的每一步,走稳人生的每一步,步步为营,招招制胜!

第四章

关键时刻,"别掉链子"

你敢或不敢,机会就在那里。每一个人,都应该成为自己命运的设计师,都应该承担生活的责任。上天是公平的,只有付出才有回报,只有进行勇敢地尝试,机会才有可能来敲你的门。

1.果断抓住属于你的机遇

一个人做一件事情,一定要及时发现解决它的最佳机会,否则是很难成功的。如果错失了机会,一切的努力和热情,都只能在选择还是放弃的犹豫中付诸东流。

有些人优柔寡断,对待任何事情,从来不敢自己做决定,也从不敢担起应负的责任。其实,他们之所以会这样,主要是因为他们不知道事情的最终结果会如何,是好还是坏。他们总是怀疑自己的判断,也正是他们的犹豫不决,使许多机会白白错过了。

俗话说:机不可失,失不再来。这是一个浅显而深刻的道理。生活中,很多人一遇到事情,第一反应就是寻找保险的做法,犹豫不决。在采取措施之前,他们会找人商量,寻求他人的帮忙与解决方案。其实,像这种主意不定、意志不坚的人,连自己都不相信自己,也就更不会被他人所依赖。

这是一个值得深思的故事:

天降暴雨,人们纷纷逃生去了。然而,一位虔诚的居士却在寺院里祈祷,希望佛祖能够救他。洪水越来越猛,眼看就要淹到居士的膝盖了,这时,远处有一个人驾着舢板而来,对他说:"赶快上来吧,不然,洪水会把你吞没的。"居士不为所动,答道:"不,我相信佛祖一定会来救我的,你还是先去救别人吧!"

洪水还在继续上涨,眼看已淹到居士的胸口了,此刻他只能站在祭坛上。不远处,又有一个人驾着快艇驶过来,要带他离开险境,然而,居士仍然固执己见,答道:"不,我要守住我的佛堂,我深信佛祖一定会来救我的,你还是先去救别人吧!"

没过多久,洪水已经快把整个佛堂给淹掉了。头顶上传来飞机飞过的声音。飞行员丢下绳梯,对居士大声说道:"这可是最后的机会了,快上来吧。"即使在这生死关头,居士还是固执地说:"不,我要守住我的佛堂,我相信佛祖一定会来救我的,你还是先去救别人吧,佛祖会与我同在。"结果,洪水冲了上来,居士被淹死了。

居士死后来到佛祖面前,很委屈地质问佛祖:"佛祖啊,我终生都奉献给您,诚心诚意地侍奉您,为什么您不肯救我?"听了他的话,佛祖答道:"我已经派去了两条船和一架飞机,你还要我怎样啊?"

这虽然是一个小故事,但是却告诉了我们一个深刻的道理:每一个人的身边都有机会,但是它只会敲一次门;而那些成功者善于抓住每一次机会,充分施展他们的才能,最终获得成功,得到意外而又意料之中的机会的垂青。

成功之神会光顾世界上的每一个人,但如果她发现这个人并没有准备好要迎接她时,她就会从大门里走进来,然后从窗口飞出去。所以,要想成功,就要当机立断地有所选择或放弃。

有一天,柏拉图问老师苏格拉底,什么是爱情?老师没有直接回答他,而是让他先到麦田里去摘一棵最大最黄的麦穗来,期间只能摘一次,并且只能向前走,不能回头。

柏拉图按照老师说的去做了。结果他两手空空地走出了麦田。老师问他为什么空手而归。

他说:"因为只能摘一次,又不能走回头路,期间即使见到最大最黄的,因为心里不知前面是否有更好的,所以没有摘;走到前面时,又发觉总不及之前见到的好,原来已经错过了最大最黄的麦穗。所以,我哪个也没摘。"

老师说:"这就是'爱情'。"

在人生的这条单行道上,成功的机会也是同样的。

在瞬息万变的现代社会中,机遇可以说是无处不在,无时不在,关键是看你能否把握住它。在萌发机遇的土壤里,每一个人都有成功的机会。面对众多的机遇,你要睁大双眼,选择一个最有利于自己的机会,彻底放弃其他的机会。有人抓住了它,于是一跃而上,踏上了成功的"天梯";有人一叶障目,错失了眼前晃动的机缘,结果一生碌碌而过。

寻找机会,就是选择机会,而不是等待机会。不要以为可选择的机会难寻,其实它就在我们身边,甚至就在我们手上。

某天晚上,有一个人碰到一个神仙,这个神仙告诉他,有大事要发生在他的身上,他将有机会得到很大的一笔财富,在社会上获得卓越的地位,并且还会娶到一位漂亮的妻子。这个人听了很高兴,于是他心无杂念地等待,可是什么事也没有发生。他贫困地度过了他的一生,最终孤独地老死了。

在阴间,他又看见了那个神仙,不满地责问神仙说:"你说过要给我财富、很高的社会地位和漂亮的妻子,我等了一辈子,怎么什么也没有呢?"

神仙回答:"我没说过那话。我只承诺过要给你机会得到财富,得到尊贵的社会地位和一位漂亮的妻子,可是你却让这些机会从你身边溜走了。"

这个人迷惑不解,"我不明白你的意思。"

神仙回答道:"你记得你曾经有一个好点子,可是却因为害怕失败而没有付诸行动的事吗?"这个人点点头。

神仙继续说:"因为你没有去行动,这个点子几年以后被另外一个人想到并且去做了,他后来变成了全国最有钱的人。还有一次发生了大地震,城里大半的房子都倒了,好几千人被困在倒塌的房子里。你有机会去帮忙拯救那些幸存者,可是你怕小偷会趁你不在家的时候,到你家里去偷东西,你以此为借口,故意忽视了那些需要你帮助的人。"这个人不好意思地点点头。

神仙说:"那是你去拯救几百个人的好机会,而那个机会能使你在城里得到多大的尊崇和荣耀啊!可惜你错过了。"

"还有,"神仙继续说,"一位头发乌黑的漂亮女子,你曾经非常强烈地被她吸引,你从来不曾那么喜欢过一个女子,之后也没有再碰到过像她那么好的女子。可是你认为她不可能会喜欢你,更不可能会答应跟你结婚,你因为害怕被拒绝,所以就把她错过了。"这个人再一次点头,而这次他流下了悔恨的眼泪。

神仙说:"我的朋友呀,就是她!她本来应该是你的妻子,你们会有好几个漂亮的小孩,而且跟她在一起,你的人生将会有许许多多的快乐,可是你还是没有抓住这个机会。"

的确,犹豫不决和优柔寡断,对于每一个人来说,都是致命的弱点,会给人带来巨大的副作用。它会破坏一个人的自信心,也可以影响一个人的判断力,并大大有损一个人的全部精神能力。

其实,一个人的成功与他的决断能力有着巨大的关系。如果没有果断决策的能力,那么我们的一生,可能就像大海中的一叶孤舟,永远只能在汪洋大海里漂流,永远无法到达成功的目的地。

2.修炼捕捉机遇的能力

机遇就像一个精灵,来无影去无踪,令人难以捉摸。但是,如果你能在时机来临之前就认出它,在它溜走之前就采取行动,那么,你就能获得巨大的成功。

每个人都渴望抓住机遇,因为在某种意义上,机遇就是一种巨大的财富,对改变人生面貌具有重要作用。很多成功人士都是因为机遇成就了他们的事业,并带给了他们无尽的财富。但是机遇却又稍纵即逝,极不容易把握,有时也许只有万分之一的可能,但是毕竟它存在着。只要有锲而不舍的毅力去争取,就一定能有所收获,有所建树。

19世纪,英国物理学家瑞利在无意中发现了一个有趣的现象,在端茶时,茶杯会在碟子里滑动和倾斜,有时茶杯里的水也会洒出一些,但当茶水稍洒出一点弄湿了茶碟时,茶杯会突然变得不易在碟上滑动了。他想,这其中一定隐藏着什么秘密,不能放过这一机遇提供的启示,因此他做了进一步研究,还做了许多相类似的实验,结果得出了一种求算摩擦的方法——倾斜法。

人要在有限的生命中创造出大事业,仅靠苦干蛮干是行不通的,而是要靠你智慧的大脑,要靠你犀利的双眼看准时机去把握机遇,从而将它变成现实的财富。

要想抓住机遇,就必须具有识别机遇的眼光。我们处在一个充满机遇的世界,随时都有好机会出现在我们面前。但是,我们能不能及时地认出它,则是关键。

一天,一位贵族的府邸正要举行一场盛大的宴会,主人邀请了一大批客人。就在宴会开始的前夕,负责餐桌布置的点心制作人员派人来说,他设计用来摆放在桌子上的那件大型甜点饰品不小心弄坏了,管家急得团团转。

这时,厨房里干粗活的一个仆人走到管家面前怯生生地说道:"如果您能让我来试一试的话,我想我能造另外一件来顶替。"

"你?"管家惊讶地喊道,"你是什么人,竟敢说这样的大话?"

"我叫安东尼奥·卡诺瓦,是雕塑家皮萨诺的孙子。"这个脸色苍白的孩子回答道。

"小家伙,你真的能做吗?"管家半信半疑地问道。

"如果您允许我试一试的话,我可以造一件东西摆放在餐桌中央。"小孩子开始显得镇定一些了。

仆人们这时都手足无措了。于是,管家答应让安东尼奥去试试,他则在一旁紧紧地盯着这个孩子,注视着他的一举一动,看他到底怎么做。这个厨房的小帮工不慌不忙地让人端来了一些黄油。不一会儿工夫,不起眼的黄油在他的手中变成了一只蹲着的巨狮。管家喜出望外,惊讶地张大了嘴巴,连忙派人把这个黄油塑成的狮子摆到了桌子上。

晚宴开始了。客人们陆陆续续地被引到餐厅里来。他们一眼望见餐桌上卧着的黄油狮子时，都不禁称赞起来，纷纷认为这真是一件天才作品。他们在狮子面前不忍离去，甚至忘了自己来此的真正目的是什么了。结果，这个宴会变成了对黄油狮子的鉴赏会。客人们在狮子面前情不自禁地细细欣赏着，不断地问宴会的主人西格诺·法列罗，究竟是哪一位伟大的雕塑家竟然肯将自己天才的技艺浪费在这样一种很快就会融化的东西上。法列罗也愣住了，立即喊管家过来问话，于是管家就把小安东尼奥带到了客人们的面前。

当这些尊贵的客人们得知，面前这个精美绝伦的黄油狮子竟然是这个小孩仓促间做成的作品时，都不禁大为惊讶，整个宴会立刻变成了对这个小孩的赞美会。富有的主人当即宣布，将由他出资给小孩请最好的老师，让他的天赋充分地发挥出来。

西格诺·法列罗没有食言，安东尼奥孜孜不倦地刻苦努力着，希望把自己培养成为皮萨诺门下一名优秀的雕刻家。

也许很多人并不知道安东尼奥是如何充分利用第一次机会展示自己才华的。然而，却没有人不知道著名雕塑家卡诺瓦的大名，也没有人不知道他是世界上最伟大的雕塑家之一。

成功者从来不会坐在家里等待机遇的光顾。他们会走出去，在行动中寻找机会。虽然他们并不是每一次都能如愿以偿，但是，他们尝试的次数要远远多于那些做事犹犹豫豫的人，他们取得成功的几率自然也大得多。

宾夕法尼亚大学认为：机遇是烈马而不是绵羊，它只会被强大而有力的人驯服。在现实生活中，我们发现了机遇，是否一定能抓住它并借此改变人生呢？未必！

所以，要想抓住机遇，就必须勤加"修炼"自己的能力。

年轻的保罗·道密尔流浪到美国时，他身上只剩下5美分，而且没有一技之长。他所拥有的，只是一个发财的梦想。他非常清楚，发财不能靠偶然的机遇，要靠高于一般的能力。于是，他决心学会成为一个大老板需要的各种技能。

刚到美国18个月，道密尔换了15份工作，每份工作的性质都不同。对任何一项工作，无论是机修工还是搬运工，他都认真对待，决不马虎。不过，一旦他完全掌握了这项技能，马上就跳槽。他不愿在自己熟悉的事情上浪费时间。

两年后，一位老板看中了他的才干和敬业精神，决定把整个工厂交给他管理。道密尔没有让老板失望，他把工厂管理得很好，他的收入也非常可观。可是半年后，他突然向老板递上辞呈，跳槽到一家日用杂品厂当了推销员。他认为，要成为一流商人，只有企业管理经验是不够的，还必须熟悉市场，了解顾客需求，推销无疑是一份最接近顾客的工作。于是，他放弃体面的职位和优厚的薪金，干起了推销员。

经过几年的"修炼"，道密尔充满了自信。他用极低的价格买下一家濒临倒闭的工艺品厂，经过一番整顿，很快使它起死回生，成为一家赢利状况极佳的企业。

其后，他再接再厉，买下一家又一家破产企业，并使它们重焕生机。他的财富也迅速飞涨。20年后，这位白手起家的青年轻轻松松迈入了亿万富豪的行列。

在生活中，有些人有一种奇怪的想法："如果遇到很好的机会，我一定做得很好。"所以，他们老是哀叹自己没有机会。其实他们更应该问问自己，有没有为机会的到来做好准备？

机遇的意思就是：如果你做得很好，自然就会遇到很好的机会。

任何一个好机会，都需要付出超常的努力以获得超常的利益。它对我们习惯的工作方式、生活方式甚至对我们认可的价值观都可能是一个挑战，我们需要以非常规的心态去看待它，并接纳它。这就是抓住机遇的秘密，或者说，这就是成功的秘密。

3.你敢或不敢,机遇就在那里

每个人成功的机会都是相等的，只不过是那些具备胆识、勇于挑战的人比平常人善于把握罢了。要想获得成功，我们就得打破常规，敢于走别人从未走过的路。虽然看起来有点儿危险，但成功往往就躲藏在危险的后面。

19世纪中叶，美国人在加利福尼亚州发现了金矿，这个消息就像长了翅膀一样，很快就吸引了很多的美国人。在通往加利福尼亚州的每一条路上，每天都挤满了去淘金的人。他们风餐露宿，日夜兼程，恨不得马上就赶到那个令人魂牵梦萦的地方。

在这些人中，有一个叫菲利普·亚默尔的年轻人，他当年才17岁，而且毫不起眼。

到了加利福尼亚州之后,他的"黄金梦"很快就破灭了:各地涌来的人太多了。茫茫大荒原上挤满了采金的人,吃饭、喝水都成了大问题。刚开始的时候,亚默尔也跟其他人一样,整天在烈日下拼命地埋头苦干,一天下来,口干舌燥。

亚默尔很快就意识到,在这里,水和黄金一样贵重。他曾经不止一次地听到别人说:"谁给我一碗凉水,我就给他一块金币!"可是很多人都被金灿灿的黄金迷住了,没有人想到去找水。

亚默尔想到了这一点,他很快就下定决心,不再淘金了,而是弄水来卖给这些淘金的人,赚淘金者的钱。卖水其实很简单,只要挖一条水沟,把河里的水引到水池里,然后用细沙过滤,就可以得到清凉可口的水了。他把这些水分装在瓶子里,运到工地上去卖给那些口干舌燥的人。那些人一看到水,一下子就拥了过来,纷纷拿出自己的辛苦钱来买亚默尔的水解渴。

看到亚默尔的举动,很多淘金者都感到很可笑:这傻小子,千里迢迢跑到这里来,不去挖金子,而是干这种事,没出息!

亚默尔自然不会被这些话吓回去,依然我行我素,天天坚持不懈,一直在工地上卖水。

经过一段时间,很多淘金者的热情减退了,本钱用完了,两手空空地离开了加利福尼亚。亚默尔的顾客越来越少,他也应该走人了。

这时,他已经净赚了6000美元,在那个年代,他已经算是一个小小富翁了。

我们不能因为害怕而拒绝一切尝试,冒险精神是任何一个成功者都必须拥有的,亚默尔的成功就是一个很好的例子。如果一个人不愿意冒险,不敢试着抓住在自己面前一晃而过的机会,那么他就永远抓不住机会。相反,如果一个人在机会面前勇敢地面对,坚定挑战的信心,那么他极有可能会取得成功。冒险不一定成功,但是不冒险去尝试一定不可能成功。人要想在人生的战场上取胜,机会是必不可少的,过度谨慎则会失去发展的大好机会,从而将属于自己的市场拱手让人。

"幸运喜欢光临勇敢的人。"这是西方一条有名的谚语。它说明了冒险与机会是紧密相连的。冒险是表现在人身上的一种勇气和魄力,险中有夷,危中有利。要想创立惊人的成绩,就应该敢于冒险。

阿曼德·哈默是美国一位成功的冒险家、企业家。在人们向哈默请教获得财富的秘诀时,他总是摇摇头,反问一句:"你敢冒险吗?"

在一次晚会上,又有人请教哈默成功的秘诀。哈默皱皱眉头说:"实际上,这没有什么。你只要等待俄国爆发革命就行了。到时候打点好你的棉衣尽管去,一到了那儿,你就到政府各贸易部门转一圈,又买又卖,这些部门大概不少于两三百个呢!……"

在别人看来,哈默的话对请教者显得很不尊重。然而事实上这正是20世纪20年代,哈默在俄国13次做生意的精辟概括。

1921年,哈默还是一名医生。那时的苏联正在经历内战与灾荒。哈默在战乱中看到了商机。于是他做出了一般人认为是发了疯的抉择:踏上了被西方描述成地狱似的苏联。

当时,苏联被内战、外国军事干涉和封锁弄得经济萧条,人民生活十分困窘;霍乱、斑疹、伤寒等传染病,还有饥荒严重地威胁着人们的生命。列宁领导的苏维埃政权采取了重大的决策——新经济政策,鼓励吸引外资,重建苏联经济。但很多西方人士对苏联充满偏见和仇视,把苏维埃政权看作是可怕的怪物。到苏联经商、投资、办企业,被称作是"到月球去探险"。

哈默心里当然也知道这一点,但他认为风险大,利润必然也大,值得去冒险。于是哈默来到了苏联。沿途景象惨不忍睹,哈默痛苦地闭上眼睛,但商人精明的头脑告诉他,被灾荒困扰着的苏联目前最急需的是粮食。他又想到这时美国粮食大丰收,价格早已惨跌到每蒲式耳一美元。而苏联这里却拥有美国需要的、可以交换粮食的毛皮、白金、绿宝石。如果让双方能够交换,岂不两全其美?从一次苏维埃紧急会议上哈默获悉,苏联需要大约100万蒲式耳的小麦才能使乌拉尔山区的饥民度过灾荒。机不可失,哈默立刻向苏联官员建议,从美国运来粮食换取苏联的货物。双方很快达成协议,并且初战告捷。

没隔多久,哈默成为第一个在苏联经营租让企业的美国人。此后,列宁给了他更大的特权,让他成为苏联对美贸易的代理商,哈默成为美国福特汽车公司、美国橡胶公司、艾利斯-查尔斯机械设备公司等三十几家公司在苏联的总代表。生意越做越大,他的收益也越来越多。

第一次冒险使哈默尝到了巨大的甜头。于是,"只要值得,不惜血本也要冒险",成为了哈默做生意的最大特色。

你敢或不敢,机会就在那里。每一个人都应该成为自己命运的设计师,都应该承担生活的责任。上天是公平的,只有付出才有回报,只有进行勇敢地尝试,机会才有可能来敲你的门。

从平凡人走向富翁需要的是把握机会,而当机遇平等地送到大家面前时,只有有勇气和胆略的人才能抓住它,进而走向成功。勇气和胆略意味着需要冒险,而哪一个成功者没有冒险的经历呢?

4.最大的机会藏在不可能中

世上只有难办成的事,但绝没有不可能办成的事。就像宾夕法尼亚大学所认为的那样:一流商人都相信"世界没有打不开的门",一流军人都相信"世上没有攻不破的城堡",一流的政治家都相信"世上没有解决不了的问题",他们都是敢于向"不可能"挑战的人。

李斯·布朗出生在迈阿密附近的一个贫困家庭中,他还有一个双胞胎弟弟,由于家中负担太重,布朗兄弟的父母已经养不起他们了,把他们送给了一个叫做玛米·布朗的厨房女工收养。

李斯是一个活泼好动的男孩,虽然口齿不清晰,但总是说个没完。因此,小学和初中,他都被安排到为那些有学习障碍的学生所开设的特教班,毕业后,他被安排到迈阿密海滩担任清洁员,虽然有了生活保障,但李斯并不知足,他有一个谁也不会预料到的梦想——当一名播音员。

为了实现自己的理想,每到晚上的时候,李斯便会抱着晶体管收音机,在床上收听广播。他住的房间不仅小,而且残破不堪,但是他却把那里想象成了一个属于他自己的电台,他练习嚼舌根来向虚拟的听众介绍唱片,梳子也被他想象成了麦克风,每天沉浸在自己编织的播音员的梦中。

有一次,李斯在市区完成了除草任务,中午休息的时候,他走进当地的电台,找到电台的经理,对他提出了自己想要主持音乐节目的愿望。

"你有主持广播的经验吗？"经理一边问，一边打量这个头戴斗笠、衣衫褴褛的年轻人。

"没有，先生。"

"那我只能说很抱歉，孩子，我们这里没有适合你的工作。"

李斯没有再说什么，只是很有礼貌地向经理道谢，然后转身离开了。经理只是把这件事当成是一个小插曲，但是让他没有想到的是，接下来的整整一个星期，李斯都会到电台去询问有没有适合他的工作，电台经理受不了李斯的软磨硬泡，终于安排他在电台里当小工，但是不给他任何薪水。最初，李斯只是为那些暂时不能离开录音室的播音员拿拿咖啡，送送快餐，过了一段时间，电台的主持人都被李斯的热情给感染了，也非常信任他，还派他开着自己的名车去接送当时知名的合唱团来电台录制节目。

在工作期间，李斯会毫无怨言地接受给他的任何工作。他还注意播音员们在控制板上的各种专业手势，尽可能多地吸收他有机会看到的一切，直到播音员让他离开。等到晚上的时候，他就在自己的小小"播音室"里反复练习，他坚信，自己所做的一切努力都是为了将来一定会出现的机会。李斯的努力没有白费，一个周末的下午，属于他的机会终于来了。

这一天，轮到一个叫洛克的播音员主持节目，由于整栋电台的大楼里除了他们两个人以外，再没有别的人了，所以这个叫洛克的播音员一边喝酒，一边现场播音。

李斯知道，在这种情况下，洛克的播音一定会出现问题，所以，他在旁边心情复杂地等待着机会的到来。

终于，办公室里的电话响起来了，李斯动作迅速地接了起来，和他料想的一样,是电台经理的电话:"李斯,我想洛克已经不可能完成他的节目了。"

"我也这样认为。"

"你可以给其他的播音员打电话,让他们来代替他吗?"

"好的,经理,我一定能做到。"

李斯挂了电话,紧接着,他又拿起了电话,但他不是打给其他的播音员寻求帮助,而是拨通了女朋友的电话:"让我的全部家人都到外面的走廊,去打开收音机,我马上就要进行现场播音了。"

李斯沉着地等了15分钟,然后给经理打电话:"抱歉,经理,我暂时找不到别的播音员来代替洛克。"

"那你知道怎么操作录音室的那些装置吗?"

"我想我可以。"

李斯挂上电话,走到录音室里,轻轻地把已经醉得不省人事的洛克扶到了一边,打开了麦克风的开关。

李斯表现得很好,已经到了炉火纯青的地步,这让电台经理对他刮目相看。从此以后,李斯相继在广播和电视方面达成了他的梦想。

在生活和工作中有很多事情不是不可能,关键在于我们有没有努力地开动脑筋去想,并且是不是最终将脑海中的想法付诸了实践。当面对困难和挫折的时候,不要给自己任何借口,告诉自己一定能够战胜它们,告诉自己别人能够做到的自己只要掌握了关键的技巧,也一定能行。在艰难困苦中,只要你拥有这样一种不找任何借口的心态,那么你在成功的道路上至少又迈开了至为关键的一步。

有些人总是被"不可能"打败:我不可能找到理想职业,因为文凭不过硬；我不可能胜任这项工作，因为专业不对口；我不可能受到重用，因为我没有背景；我不可能发财，因为我不会做生意；我不可能招人喜欢，因为我相貌不佳；我不可能得到她的芳心，因为我配不上她……他们的生活中有太多不可能，所以他们只能平庸地度过一生。

事实上，世界根本没有不可能的事，有句广告语说得好：一切皆有可能。

在1968年之前，很多人断言，10秒是百米短跑的极限，不可能突破。但是，美国选手海因斯用9秒95的成绩证明这只是谬论。1999年，美国选手格林用9秒79的成绩刷新了世界纪录，又有人说："这是极限！"但是，所有的田径高手都在心里冷笑：等着瞧吧，根本没有什么极限。

所谓"不可能"、"极限"，只是一些人心目中的概念，是他们在自我设限。他们在"不可能"的牢笼里、在"极限"的坚壁面前，失去了向远大目标进发的自由。

成功人士正好相反，在他们的头脑中没有那么多不可能。他们心目中只有自己想要达成的目标以及达成目标的勇气。

当马孔·福布斯决定推出"美国400首富排行榜"时，遭到了部下的一致反对。首先表示异议的是总编麦克斯，他认为，要查清富翁们的真实收入，是一件不可能的事。既然这一计划不可能实现，何必为它浪费资源？

福布斯认为这只是麦可斯的猜测，在没有尝试之前，不宜做出"不可能"的结论。他让麦可斯立即着手策划。既然老板坚持，麦可斯只好勉为其难地接受了任务。但麦可斯还是认为这一计划不可能实现，积极性不高，所以，他将这个差事扔给了一个名叫萨拉尼克的下属。

萨拉尼克也不愿做这件在他看来注定徒劳无功的事。他率领一班编辑、记者，无精打采地干了两个月，眼看计划实在进行不下去了，就写了一份报告交给马孔·福布斯，说："我们已尽力试过，不成！"

马孔大为光火，吼道："我愿意动用所有的资源来完成这项计划，时间、金钱、人力我都在所不惜！"

萨拉尼克看到老板的决心，这回他抛弃所有疑虑，率领手下竭尽全力地工作，终于搞出了第一份"美国400富排行榜"。当它刊登在《福布斯》杂志上后，引起全美国的轰动，当期杂志销售一空。

时至今日，"美国400富排行榜"和《福布斯》一起，已蜚声全世界。

在充满机遇的时代，机会不是问题，因为猜测放弃机会才是问题。在机会来临时，许多人担心丢脸，担心白费工夫，担心蒙受损失，以至畏缩不前，白白错失机会。他们认为暂时的安全是谨慎的结果，其实臆想的危险可能根本不会发生，而最大的机会往往藏在不可能之中。

5.机遇就是关键的一两步

"一个人的一生是漫长的，但是关键的就那么一两步。"这是著名作家柳青说过的一句话。仔细揣摩，这句话很有哲理。在很多时候，往往就是因为那简单的一两步,我们很可能改写自己一生的命运!

吉鸿昌说过:"路是踩出来的,历史是人写出来的。人的每一步都在书写着自己的历史。"诚然如此,只要敢于迈出关键性的一步,并且为之不懈地努力,"柳暗花明"指日可待,坎坷的前路也终将"峰回路转"。

康多莉扎·赖斯是美国历史上首位黑人女国务卿,在成长的道路上,她也有一段不寻常的经历。

赖斯的母亲是一位音乐教师,因此赖斯自幼便学习音乐。在她十六岁时,就已考入丹佛大学音乐学院。所有人都认为,赖斯未来一定会走上一条音乐之路。

然而,在一场音乐节上,赖斯突然意识到,自己实际上并不具备音乐的天赋,因为那些十岁左右的孩子,只要看一眼曲谱就能够演奏得非常流畅,她却要练上一年。"我绝对不是学音乐的料!"赖斯自言自语道。

放弃音乐之路对赖斯来说是一个艰难的抉择,毕竟自己已经付出了太多的努力。很多人也是如此劝她。毕竟,面对这样的现实,或许多半人会"将错就错",继续沿着这条路走下去。

但是,经过了一番思索后,赖斯还是决定要走另一条路。她果断地放弃了音乐,开始学习国际政治概论。她的导师惊奇地发现,赖斯在这一领域很有潜质,于是细心地教导她,将她引向了国际关系和苏联政治学领域。老师的提拔与鼓励,让她积极投身新的领域。19岁时,她获得了政治学学士学位;26岁时,她获得博士学位。1987年,她在一次晚宴上的致辞得到了时任国家安全事务助理的布伦特·斯考克罗夫特的注意。

　　凭借着自身的努力，赖斯在政坛越走越顺，赢得了"钢铁木兰"的称号。最终，她成为了美国历史上第一位黑人女国务卿。

　　如果赖斯当年没有果断放弃音乐学习，那么世界上就会少了一位充满"霸气"的女性政治家，多的只是一个普通的钢琴师。赖斯的故事告诉我们：想要成功，就要有不甘平庸的心态，敢于果断做出改变。

　　在历史的长廊中，有很多关键的"一步"决定了历史的进程：廉颇负荆请罪，使"将相和"的美谈千古流传；刘备三顾茅庐，使蜀国后来在三足鼎立中取得一席之地……这些"一步"看似很小实则重要，看似偶然实则是经历了慎重权衡才能成就的。

　　人生的阶梯一步步向命运的深处延伸，关键之处的一步，往往直接决定了最终的成败。但是，谁也不会事前预知哪一步是关键的一步。因此，人生的每一步都是重要的。慎重地走好生命中的每一步，尽力将人生之路走得精彩而无悔！

　　杜邦公司的创始人伊雷内·杜邦的故事或许对我们每个人都有所启迪。

　　当伊雷内把开火药厂的想法告诉父亲皮埃尔时，皮埃尔以为他在异想天开。在大家的印象中，这孩子从小就是个沉默寡言的书呆子。皮埃尔对伊雷内的计划不感兴趣，让他自己解决资金、厂址和其他问题，一切由他自己张罗。但是，伊雷内以出色的实干精神证明自己不是个空想家。他被生产世界上最棒的火药的狂想鼓舞着，一心扑在上面，东跑西颠。

　　他手头的钱不够，一流的设备都在法国，工厂不知道安在哪儿合适，一切都没有着落，他知道，自己不可能像小时候那样用试管和药匙把火药生产出来。但他一件事一件事地落实。首先选厂址，为了争取政府的订货，他想在华盛顿附近找地方。但是，经过一番实地考察后，他发现那里没有火药厂需要的激流、森林和花岗岩。在美国转了一大圈，他终于看中了特拉华州的白兰地河畔，这里水流湍急，蕴含着动力，河边的大片森林是未来的燃料，山上的花岗岩可用于提炼硝石。伊雷内站在白兰地河边，抑制不住内心的激动，大声喊道："我找到了！找到了！"

这里还有大量廉价的劳动力。他还认识了刚刚被法国政府驱逐出境的富翁彼德·波提，并说服此人入股。就连法国政府也得知了伊雷内的活动，为了增加火药来源以便与英国开战，法国政府火药局向伊雷内提供了先进的生产技术和设备，还督促银行家投资……总之，他坚持不懈的努力渐渐把各个环节的设想变成了明朗的现实。1802年4月，生产火药的杜邦公司成立了。

这只是开始。生产和经营中需要解决的问题还很多。伊雷内亲自设计厂房的结构，让它最大限度地减轻爆炸的可能性；他夜以继日、废寝忘食地指挥基建和设备安装。经过一年紧张的准备工作，火药厂开工了。由于动力不足，试生产失败了。又过了一年，火药才成功地生产出来，它们的质量上乘，但没有名气，被经销商退了回来。伊雷内在《华尔街日报》上向整个美国宣传：特拉华州是个打猎的好地方，这里还有杜邦公司的狩猎俱乐部，来这儿打猎的人，都会得到免费的火药。在一阵宣传之后，订单像雪片般飞来了。1805年，美国政府将杜邦公司定为军方火药的定点生产企业。

在关键时刻，伊雷内走出了关键的一步，勇敢地踏上创办火药厂的道路，从而使自己成功跻身于"全球首富圈"。机遇就是这样,它其实离你很近,只要你敢于踏出重要的一步去接近它。人一生的遭遇,往往决定于人生道路上关键的几步是走对了还是走错了。在重要的机会来临时,要敏锐果断地及时抓住和利用它们,而不是眼睁睁地看着它们擦肩而过。

每一步都决定我们的人生走向,一步走错,就有可能与成功南辕北辙。在迈出人生中关键的一步时,既要深思熟虑,又要敢于果断出击,只有这样,我们的步伐才能更加坚定有力!

6.在它挣脱之前,切勿自动松手

机遇无处不有无处不在,每一个机遇都是一笔财富。关键在于我们能不能用自己的慧眼去发现它,抓住它。

机会不容易抓住。有时候,一个你梦寐以求的机会出现在眼前时,你看见并感觉到了它,甚至伸手抓住了它。但是,它强烈地挣扎着,似要脱手而去,让你感到力不从心,让你想放弃。这时候,请用尽你的全力,抓牢它,在它挣脱之前,切勿自动松手,因为这极可能到了一个能大大提升你的关键之处,而且机不可失失不再来。

一次,某家著名公司招聘职业经理人,应者云集,其中不乏高学历、多证书、有相关工作经验的人。经过四轮淘汰后,只剩下6名应聘者,但公司最终只会选择一人。所以,第五轮将由老板亲自面试。

可是当面试开始时,主考官却发现考场上多出一个人,出现了7名考生，于是就问道："有不是来参加面试的人吗？"这时，坐在最后面的一个男子站起身说："先生，我第一轮就被淘汰了，但我想参加一下面试。"

大家听到他这么讲，都笑了，就连站在门口为大家倒水的那个老头子也忍俊不禁。主考官也不以为然地问："你连第一关都过不了，又有什么必要来参加这次面试呢？"这位男子说："因为我掌握了别人没有的财富，我自己即是一大财富。"大家又一次哈哈大笑，都认为这个人不是头脑有毛病，就是狂妄自大。

这个男子说："我虽然只是本科毕业，只有中级职称，可是我却有着10年的工作经验，曾在12家公司任过职……"这时主考官马上插话说："虽然你的学历和职称都不高，但是工作10年倒是很不错，不过你却先后跳槽12家公司，这可不是一种令人欣赏的行为。"

男子说："先生，我没有跳槽，而是那12家公司先后倒闭了。"在场的人第三次笑了。一个考生说："你真是一个地地道道的失败者！"男子也笑了："不，这不是我的失败，而是那些公司的失败。这些失败积累成我自己的财富。"

这时，站在门口的老头子走上前，给主考官倒茶。男子继续说："我很了解那12家公司，我曾与同事努力挽救它们，虽然不成功，但我知道错误与失败的每一个细节，并从中学到了许多东西，这是其他人学不到的。很多人只是追求成功，而我，更有经验避免错误与失败！"

男子停顿了一会儿，接着说："我深知，成功的经验大抵相似，容易模仿；而失败的原因各有不同。用10年学习成功经验，不如用同样的时间经历错误与失败，这样所学的东西才更多、更深刻；别人的成功经历很难成为我们的财富，但别人的失败过程却是！"

人生 就像
自 行 车

男子离开座位，做出转身出门的样子，又忽然回过头说："这10年经历的12家公司，培养、锻炼了我对人、对事、对未来的敏锐洞察力，举个小例子吧——真正的考官，不是您，而是这位倒茶的老人……"

在场所有人都惊愕万分，目光转向倒茶的老头。那老头诧异之际，很快恢复了镇静，随后笑了："很好！你被录取了，因为我想知道——你是如何知道这一切的？"

老头的话表明他确实是这家大公司的老板。这次轮到这位考生笑了。

大凡成功的人，都是因为抓住了机会。这名男子在第一轮便被淘汰了，按理说，他已经失去了机会，但他却勇敢地紧追一步，全力为之，最终抓住了成功的机会。

机会在哪里呢？皮鲁克斯在《做事与机会》一书中说："机会在这里！"我们必须承认，大多时候，机会是稍纵即逝的。但对于勇敢尝试、渴望成功的人来说，这似乎只是一个借口。精明、敏锐的人总能够抓住机会，所以机会总是最欣赏有头脑、果敢的人。

她毕业于名牌大学，初入社会，没有工作经验的她找工作并不顺利。好不容易找到了一份戏剧编辑助理的工作，辛辛苦苦干了三个月，老板却只给了她一个月的工资，无奈之下，她只好辞掉这份工作。

在没有工作的日子里，她靠帮人写短剧，写电影为生。前路茫茫，她希冀着奇迹发生。

一次机缘巧合，她应聘到电视台当了编剧。半年后，在一次制作节目时，制作人不知为什么突然大发雷霆，说了句"不录了！"就走了。几十个工作人员全愣在那儿不知怎么办，主持人看了看四周，对她说："下面的我们自己录吧！"

机会只有3秒钟。3秒钟后，她拿起制作人丢下的耳机和麦克风。那一刻，她对自己说："这一次如果成功了，就证明你不是一个只会写写小剧本的小编辑，还是一个可以掌控全场的制作人，所以不能出丑！"

慢慢地，她开始做执行制作人。当时，像她那个年纪的女生能做制作人的相当罕见。

几年后，这个小女生成了三度获得金钟奖的王牌制作人，接着一手制作了红得一塌糊涂的电视剧《流星花园》，被称为"台湾偶像剧之母"的柴智屏。

回首往事，她说：机会只有3秒。就是在别人丢下耳机和麦克风的时候，你能捡起它。

就是因为自己在机会面前的坚持，柴智屏走上了成功的道路，可她的成功绝不是偶然的。人生对大多数人都是公平的，它给了大家一样的机会。但人生又是不公平的，因为它只把机会留给有准备的人。如果不是柴智屏发现了机会，并牢牢抓住了它，又怎会有后面的厚积薄发。

对于每一个渴望成功的人来说，机会的出现尤为重要，可是当机会真正出现在你面前时，你是否能够准确地把握住呢？能够发现机会很重要，更重要的是能够牢牢抓住这份来之不易的机会。不要逃避，勇敢面对机遇来临时的挑战，别让机会从你身边溜走。

7.唯一能创造机会的人,只有我们自己

有很多人都在苦苦等待机会降临在自己的身上。殊不知,一味地等待机会的降临是一种多么无知而可笑的想法。千万不要以为机会像是一个到家里来的客人,它会在我们的家门口敲门,等待我们去开门把它迎接进来。如果仅凭这种祈求和等待,我们将永远没有机会,也永远不可能成功。

励志大师卡耐基有一句话:"没有机会,这是失败者的推诿。许多奋斗者的成功,都是用自己的能力去创造机会。"

纵观世界上能成就大事的人,如富尔顿、华特耐、法拉利、贝尔,他们都创造了属于自己的机会,成就了自己。要是你只是在等待机会,等待别人的提拔,等待别人的帮助,那么你将永远无所作为。

当拿破仑获得胜利以后,有人问他:"你是不是等到了机会才去进攻的呢?"他听了大怒,说:"机会是要人自己去创造的。"

有傲骨的人从不会为任何事情找托词,更不会找借口,他们也从不被动地等待机会,而是自己去创造机会。因为他们坚信:弱者等待机会,强者创造机会。

从前,有一位才华横溢的年轻画家,早年在巴黎闯荡时默默无闻、一贫如洗。当时他的画一张都卖不出去,因为巴黎画店的老板只卖名

人大家的作品,年轻的画家根本没机会让自己的画进入画店出售。

过了不久,一件极有趣的事发生了。画店老板每天总会遇上一些年轻的顾客热切地询问有没有那位年轻画家的画。画店老板拿不出来,最后只能遗憾地看着顾客满脸失望地离去。

这样,不到一个月的时间,年轻画家的名字就传遍了全巴黎大大小小的画店。画店老板开始后悔,渴望再次见到那位原来是如此"知名"的画家。

这时,年轻的画家出现在心急如焚的画店老板面前。他成功地拍卖了自己的作品,从而一夜成名。

原来,年轻画家当兜里只剩下十几枚银币的时候,他想出了一个聪明的方法。他雇用了几个大学生,让他们每天去巴黎的大小画店四处转悠, 在临走的时候都询问画店的老板:有没有那位年轻画家的画,哪里可以买到他的画?因此画家声名鹊起,才出现了上面的一幕。

这个画家便是伟大的现代派大师毕加索。

毕加索为什么能成功呢?原因在于他在寻找成功的过程中,并不是一味地等待,而是在等待中创造机遇。

的确,不是每一块金子在哪里都会发亮的,譬如,当它还埋在沙土中时。同样,也不是每一位有才华的人就一定会飞黄腾达。当机遇不至的时候,怨天尤人是无济于事的。这时,不妨学一学毕加索,动一动脑筋,想一个聪明的办法来创造自己的机会。那么,成功说不定就不期而至了。

因此,请记住:唯一能创造机会的人,只有自己。只有具备了这种认识,才能由被动的寻找与等待,变成主动的创造与把握,最终由被动地接收机会变成主动地拥有机会,从而改变自己的人生。

第五章

一个轮的车看着精彩，其实很辛苦

人生就像自行车，大多人习惯两个轮，一个轮看着精彩，其实很辛苦。要想成功，就要学会将身边的资源通过合适的人际关系整合到一起，进行优化配置。

1.借力是成功路上的滑翔机

要想成功,不仅要增强自身的实力,还要学会将身边的资源通过合适的人际关系整合到一起,进行优化配置。

在街边的报亭中,我们经常看见那种面向女性的时尚杂志,一本杂志后面绑着一管高档的护手霜,或者是随一本书赠送的书签背面,印着某培训机构的宣传语和联系方式,这些营销方式里面都潜藏着资源整合的理念。

对于个人来讲更是如此,在你计划做成某事的时候,没有成本、没有经验、没有技术……都不要紧,如果你认识拥有这些资源的朋友,同时又有高屋建瓴的头脑,那么所有问题都会迎刃而解。

小张毕业后工作了三年多之后,时常为自己的现状感到苦恼,目前的公司已经没有多大的发展空间,每天几乎都是做着重复性的工作,他感到自己的时间有被"贱卖"的危机,然而,拥有较大的家庭经济压力的他一方面舍不得此处的高薪,另一方面也承担不起换工作或自己创业带来的高风险。无奈的他只能原地踏步。有一次,在一个远房亲戚那里,他认识了一个中年人,这个中年人家里有一定的资产,但是不知道该怎样投资,见过小张几次之后,觉得小张是一个有想法、踏实稳重的人。他们经常在一起聊天,她表示如果小张愿意自己做一项事业的话,她愿意出一定的资金。小张一开始并没有往心里去,但后来他在街头人头攒动的果子店、薯片店的前面灵光一闪，找到了商机，于是找到了一家最有名的连锁小吃店的老板，表达了自己想要加盟的意愿。

半年后，小张的小吃店开了起来，他并没有辞掉工作，真的是那位中年人为他出资几万元。一年下来，赚了不少钱。通过这次小本创业的经历，他积累了知识和经验，更重要的是，他手里有了更多的积蓄，经济上宽裕了，他安心地跳槽到另一家知名企业，他相信自己的能力，更看好这里更加广阔的发展空间。

从此以后，小张的事业之路越走越宽了。

生活就是这样，一个人自己的力量永远是有限的，要充分利用身边的资源。有时候，人脉也像是滚雪球一样，越积累越丰富。

有人可能会说，"借"的确是一个"四两拨千斤"的好方法，但自己究竟能"借"什么，又怎样"借"才能有效果，却又是现实中必然会遇到的难题。

"给我一个支点，我可以撬动地球。"这是阿基米德的一句名言，而"借"的关键就是找到这个支点所在。

这个"支点"就是"借"的契合点，它是你急需的，却又是对方所独具的。所以"借"绝对不是简单的依赖和等待，而是用巧妙的智慧换取财富。从这一点来说，你首先要对自己有充分的了解，你的强项是什么？怎样的"外援"会对你有帮助？接下来在对市场充分了解的基础上，锁定自己的"靠山"，然后通过有效的"嫁接"，真正达到"借"的目的。所以"借"是主动的，是根据实际需要做出的选择。

有这样几条思路或许可以成为"借"的目标：

第一是借"智力"，或者说是"思路"、"经验"等等。比如有些投资大师有不少好的经验，这都是他们经过多年的成功与失败得出的，它们显然可以让我们少走许多弯路。

第二是借"人力",这就是所谓的"人气"。一个品牌、一处经营场所甚至是一位名人,其周边可能聚集了不少类别分明的人群,如果能把自己的目标消费群与之结合起来,可能就会收到很好的结果。

第三是借"潜力"。良好的社会经济发展前景的诱惑无疑是巨大的,它也会给我们的投资带来有效的增值空间,是值得我们关注的焦点。

第四是借"财力"。有些投资者或企业可能会遇到资金捉襟见肘的情况,那么充分利用银行或投资基金的财务杠杆,无疑会让你解决许多"燃眉之急"。

第五是借"权力"。乍一听这个词似乎挺吓人的,但其实指的就是政策,"借"上好的政策同样也会使你赢得发展的契机。

需要说明的是,"借"与盲目跟风有着本质的区别,"借"是一项高技术含量的工作,通过了解、准备、研究、比较和选择等多个步骤才能获得成功,而随意地跟风模仿则会带来不小的风险。有些投资者不考虑周围环境和自身实际,不看实际效果是否有效,不看时机是否成熟,不看条件是否具备,生搬硬套,盲目地跟着别人走,这显然是与"借"的本意相违背的。

对此,需要把握住这样几点:

首先,自身是否适合是关键,并不是所有的产品都能产生同样的效果,比如说要借助奥运的名声来一场产品营销,但是,如果这类产品和奥运一点也不相干,那么奥运营销就会成为"空中楼阁"。

其次,好的"借"的对象也要区别对待,比如同样是城市建设规划,不同区域产生的效果都是不一样的,这就需要投资者运用各种信息进行研究分析比较,最终"借"上真正有潜力的规划。

另外,"借"的过程要讲究技术,比如你"借"上了大店铺的客源,就可以考虑将经营时间与大店铺错开,以避其锋芒、捡其遗漏。

最后,"借"同样也可能会遭遇不可预见的风险,我们必须多加留意。

2.有意识地积累各行各业的朋友

现代社会中,拥有良好的社会关系就等于拥有比别人多的机会。因此在创业之前或创业过程中都要有意识地积累各行各业的朋友。

就职于纽约市一家大银行的查尔斯·华特尔奉命写一篇有关某公司的机密报告。他知道有一个人拥有他非常需要的资料。于是,华特尔去见那个人,他是一家大工业公司的董事长。当华特尔先生被迎进董事长的办公室时,秘书从门外探头进来,告诉董事长,她这天没有什么邮票可给他。"我在为我那十二岁的儿子搜集邮票。"董事长向华特尔解释。华特尔说明了他的来意然后提问。董事长根本不想说,他无论怎样试探都没有效果。

华特尔先生讲:"坦白说,我当时不知道怎么办。但接着,我想起他的秘书对他说的话——邮票,十二岁的儿子……我想起我们银行的国外部门搜集邮票的事,他们从来自世界各地的信件上取下邮票。"第二天早上,华特尔再去找那位董事长,传话进去说有一些邮票要送给他的孩子。董事长满脸带着笑意,客气得很。"我的乔治将会喜欢这些的,"他一面不停地说,一面抚弄着那些邮票,"瞧这张!这是一张无价之宝。"他们花了一个小时谈论邮票和瞧他儿子的照片,然后他又花了一个多小时,把华特尔想知道的资料全都告诉了他,之后又叫他的下属进来,问他们一些问题。他还打电话给他的一些同行,把一些事实、数字、报告和信件全部告诉了华特尔。

事情往往就是这样:无法与关键人物搭上关系时,往往很难取得进展,可一旦与关键人物建立联系,事情就好办了。

很多交际活动为人们提供了"让你结识他人,也让他人认识你"的可能,从一定意义上讲,交际活动是机遇的介绍人。因此,开发人际关系资源对人们捕捉机遇、走向成功具有重要意义。

吕春穆起先是北京一所小学的美术教师,在杂志上看到有人利用收集到的火柴商标引发学生们的学习兴趣和创作灵感的报道后决定收集火花。为此他展开了广泛的交际活动。他首先油印了200多封言辞中肯、情真意切的短信发给各地的火柴厂家,不久就收到六七十个火柴厂的回信,并有了几百枚各式各样精美的火花。此后,他主动走出去以"花"会友。1980年他结识了在新华社工作的一位"花友",这位"花友"一次就送给他20多套火花,还给他提供信息,建议他向江苏常州一"花友"索购"花友"们自编的《火花爱好者通讯录》,由此他结识了国内100多位未曾谋面的"花友"。他与各地"花友"交换藏品,互通有无;利用寒暑假,遍访各地藏花已久的"花友",还通过各种途径与海外的集花爱好者建立联系。就这样,在广泛交往中他得到了无穷无尽的乐趣,也为他的成名创造了机会:他先后在报刊上发表了几十篇关于火花知识的文章,还成为《北京晚报》"谐趣园"的撰稿人。他的火花藏品得到了国际火花收藏界的承认,跻身于国际性火花收藏组织的行列。1991年,他的几百枚火花精品参加了在广州举办的"中华百绝博览会"……他以14年的收藏历史和20万枚的火花藏品被誉为"火花大王",名甲京城。

很显然,吕春穆的成功得益于交际。他以"花"为媒,结识朋友,通过朋友再认识朋友,一直把关系建立到全球,从而使机会一次次降临,由此很自然地迈向了成功。

因此,我们应把开展交际与捕捉机遇联系起来,充分发挥自己的交际能力,不断扩大交际,发现和抓住难得的发展机遇。

要打造良好人际关系,应该做到以下几点:

1)不轻易树敌

素昧平生或者关系浅淡的人并没有义务在你需要的时候帮助你。假如有求于对方,就要用婉转的易于接受的方式提出。首先要寒暄,聊大家都关心的事情,最后在不经意间表达你的请求。应对不同的人,要有不同的方式。有了这样的意识,遇到人就会自动将他们分类,形成自己的一套待人处事的逻辑。

在交往过程中会碰到各种类型的人。其中有你喜欢的人,也有你不喜欢的人。如何同你不喜欢的人建立良好的人际关系呢?

首先尽量找出他们身上的优点,并用包容的心态对待他们的缺点,做到不当面指责或指出对方的毛病,避免与其争吵及发生任何的正面冲突。不要轻易树敌。

2)与社会名流和关键人物建立关系

社会名流是在社会上有影响的人,与他们建立良好的个人关系无异于为我们的成功插上了翅膀。

(1)在与名流交往之前多了解有关名流的资讯,多创造与其结交的机会。

(2)在结交社会名流时要注意给对方留下一个好的印象,千万不要死缠着对方不放。

(3)通过一次交往建立良好的关系是很难的,所以,应多制造交往的机会,多次接触才能建立较为牢固的关系。

3)结交成功者和事业伙伴

"近朱者赤,近墨者黑。"与优秀的人和成功者交朋友是储备关系的重要一点。

想成为什么样的人就跟什么样的人在一起,要成功,就要多跟成功人士在一起。假如想在事业上有所突破,就得多跟事业伙伴接触,只有这样,才会有更多成功机会。

4)礼多人不怪

掌握礼节是建立良好朋友关系必须掌握的原则。

礼节和客套是相互尊重的一种重要形式。每个人都希望拥有自己的一片天地,而不讲礼节、客套就可能侵入到朋友的禁区,干扰到朋友的正常生活,这种情况出现得多了自然会伤害到朋友的感情,再好的关系也会因此而终结。

3.竞争不排斥合作

美国商界有句名言:"如果你不能战胜对手,就加入到他们中间去。"现代竞争,不再是"你死我活",而是更高层次的竞争与合作,现代企业追求的不再是"单赢",而是"双赢"和"多赢"。

一只狮子和一只狼同时发现了一只小鹿,于是它们俩商量好共同追捕那只小鹿。它们之间合作得很好,当野狼把小鹿扑倒时,狮子便上前一口把小鹿咬死。但狮子起了贪心,不想和野狼平分这只小鹿,于是想把野狼也咬死,野狼拼命抵抗,后来狼虽然被狮子咬死了,但狮子也受了重伤,无法享受美味了。

这个故事里,试想,如果狮子不是那么贪心,而是与野狼共享那只小鹿,岂不就皆大欢喜了吗?我们常说,人生如战场,但人生毕竟不是战场。为什么非得争个鱼死网破、两败俱伤呢?合作双赢不是更好吗?

有很多人认为,竞争就是"你死我活",竞争的双方就不能有合作的机会,他们似乎注定是为利益而对立的"冤家对头"。其实,如果要在竞争与合作之间选择的话,选择合作的人才是聪明人。

在经济生活中,有一种"龟兔双赢理论"。

蹩脚兔子因骄傲在第一次赛跑中失利之后,进行了深刻的反思,决心和乌龟作第二次较量,乌龟接受了蹩脚兔子的挑战,结果这次蹩脚兔子轻松地战胜了乌龟。乌龟很不服气,主张再赛一次,并由自己制定比赛路线和规则,蹩脚兔子同意了。当蹩脚兔子遥遥领先而洋洋自得时,一条长长的河流挡在了面前,这下蹩脚兔子犯难了,坐在河边发愁,结果乌龟慢慢地赶上来,再慢慢地游过河,赢得了比赛。几番较量后,龟兔各有胜负,它们也厌倦了这种较量,最终达成协议,再赛最后一次,于是人们看到了陆地上兔子背着乌龟跑,水中乌龟背着兔子游,最后同时到达终点……

　　这就是"双赢",竞争对手也可以是合作伙伴。

　　我国相传已久的古训是:"四海之内皆兄弟"。目前一些人中流行"丛林哲学"的价值观,即所谓"弱肉强食,优胜劣汰"。为了达到个人目的,可以不择手段,这无疑是极不可取的。要知道,竞争以不伤害别人为前提,竞争以共同提高为原则。竞争不排斥合作,良好的合作促进竞争。在竞争中互相帮助达到双赢才是目的。

　　从前,有两个非常饥饿的人得到了一位长者的恩赐:一根鱼竿和一篓子鲜活硕大的鱼。一个人要了一篓子活鱼,而另一个人则要了一根鱼竿,于是他们分道扬镳了。

　　得到鱼的人就在原地用干柴搭起篝火烤起了那些鲜活的鱼。把鱼烤好以后,他狼吞虎咽,转瞬间就连鱼带汤吃了个精光,没过几天,他就把鱼全部吃光了。不久,他便饿死在了空空的鱼篓旁。

　　而另一个得到鱼竿的人,提着他的鱼竿朝海边走去,他忍饥挨饿走了好几天,当他终于能看到远方蔚蓝的大海时,他已经用尽了浑身最后一点力气,再也走不动了。最后他也只能倒在了他的鱼竿旁,带着无尽的遗憾离开了人间。

　　同样,又有两个饥饿的人,他们同样得到长者的恩赐:一根鱼竿和一篓鱼。但他们没像前两个人那样各奔东西,而是商定共同去寻找大海。他们两个带着鱼和鱼竿踏上征程。路上,他们每次只煮一条鱼,经过艰难的跋涉,他们终于来到大海边。从此,两人开始了捕鱼为生的日子,几年后,他们盖起了自己的房子,有了各自的家庭,有了自己建造的渔船,过上了安定幸福的生活。

同样是面对着鱼竿和满篓的鱼,四个人却有不同的表现:前两个人只顾眼前利益,得到的只是暂时的满足和长久的悔恨;后两个人却很有智慧,目标存高远但立足于现实,通力合作,发挥了鱼竿和一篓子鱼的双重价值,最后过上了自己所希望的幸福生活。

在生活中,一个人的力量总是很有限的。要想办事成功,就要善于与人合作。

一个哲人曾说过这么一段话:你手上有一个苹果,我手上也有一个苹果,两个苹果交换后每人还是一个苹果。如果你有一种能力,我也有一种能力,两种能力交换后就不再只是一种能力了。所以说,只有合作才能产生奇效,才能达到最好的效果。

美国壳牌公司曾在北京大学召开过一场别开生面的招聘会。面试官先将10名应聘者分成两个小组,假设他们要乘船去南极,然后要求这两个小组的成员在限定的时间内提出各自的造船方案并且把船的模型做出来。

在这个过程中,面试官则根据应聘者对于造船方案的商讨、陈述和每个人在与本小组其他成员合作制作模型过程中的表现进行打分,以选择最合适的人才。

在谈及这次面试时,壳牌公司人力资源部负责人说,运用这种方式的最大目的是了解应聘者是否具备团队精神。

壳牌公司面试官说:"在当今社会,企业分工越来越细,任何人都不可能独立完成所有的工作,他所能实现的仅仅是企业整体目标的一小部分。因此,团队精神日益成为企业的一个重要文化因素,它要求企业分工合理,将每个员工放在正确的位置上,使他能够最大限度地发挥自己的才能，同时又辅以相应的机制，使所有员工形成一个有机的整体，为实现企业的目标而奋斗。对员工而言，它要求员工在具备扎实的专业知识、敏锐的创新意识和较强的工作技能之外，还要善于与人沟通，尊重别人，懂得以恰当的方式同他人合作。"

事实正是如此，那些善于合作、具有团队精神的员工往往更容易获得成功的机会。

纵观古今中外，凡是在事业上成功的人士不都是善于合作的典范吗？现代社会中的现代企业文化，追求的是团队合作精神。所以，不论对个人还是对公司，单纯的竞争只能导致关系恶化，使成长停滞；只有互相合作，才能真正做到双赢。

4.集思广益，威力无比

"只有善于聆听别人意见的人，才能集大成。"无论是多么优秀的人，自己的力量都是有限的。凝集多数人的智慧，往往是制胜的关键。就算你是一个"天才"，凭借自己的能力，也许可以获得一定的财富。但如果你懂得让自己的能力与他人的能力结合，就定然会拥有更大的成就。

每一个人的思维都是不一样的，所以说，人越多，就越容易想出好的办法，这正应了"三个臭皮匠，顶个诸葛亮"这句话，集众人的意见,很有可能产生意想不到的效果。

日本东京有一个地下两层的饮食商业街,但整个广场显得死气沉沉。一天,商业街董事长突发奇想:如果有一条人工河就好了!来往的人不但能听到脚底下潺潺的流水声,而且广场上还有人式瀑布。这确实是很适合"水都街区"的创意。

大家对董事长的构想心悦诚服,于是有人访问他。他回答说,挖人工河的构想并不是一开始就有的,而是几个年轻设计师一起讨论时,有一个突然说:"让河水从这里流过如何?""不,如果有河流的话,冬天会冷得受不了。"

"不,这个构想很有趣。以前没有这么做,我们一定要出奇制胜。"

于是,虽然有反对和赞成两种意见,但最后,还是一致通过这个构想。

像这样,集思广益,终能成为强有力的"武器"。

一个人若想取得成功,就要集思广益,综合所有的智慧以成精华。要善于倾听不同的意见与看法。就好比吃饭,一个善于集思广益的人就像一个不挑食的人,他的营养比较均衡,身体就会非常健康;而一意孤行、只认可相同意见的人却好比是偏食严重的人,那他的营养成分就很不均衡,身体自然就会出现种种病理反应,直至整个人完全垮掉。

一个人有无智慧,往往体现在做事的方法上。"山外有山,人外有人。"借用别人的智慧,助己成功,是必不可少的成功之道。

不嫉妒别人的长处,善于发现别人的长处,并能够加以利用,协调别人为自己做事,与合作人之间建立良好的信誉,是成大事的重要条件。

三国中的刘备,文才不如诸葛亮,武功不如关羽、张飞、赵云,但他有一种别人不及的优点,那就是巨大的协调能力,他能够吸引这些优秀的人才为他所用。多一样才华,等于锦上添花,而且通过这种渠道结识的人,也将成为你的伙伴、同事、专业顾问,甚至变成朋友。能集合众人才智,才有茁壮成长、迈向成功之路的可能。

聪明的人善于从别人身上吸取智慧的营养补充自己。读过《圣经》的人都知道,摩西算是世界上最早的教导者之一。他懂得一个道理:一个人只要得到其他人的帮助,就可以做成更多的事情。

当摩西带领以色列子孙前往上帝许诺给他们的领地时,他的岳父杰塞罗发现摩西的工作实在过重,如果他一直这样下去的话,人们很快就会吃苦头了。于是杰塞罗想出了一个办法。他告诉摩西将这群人分成几组,每组1000人,然后再将每组分成10个小组,每组100人,再将100人分成2组,每组各50人。最后,再将50人分成5组,每组各10人。然后,杰塞罗又教导摩西,要他让每一组选出一位首领,而且这位首领必须负责解决本组成员所遇到的任何问题。摩西接受了建议,问题终于得到了解决。

用心去倾听每个人对你的看法,是一种美德,是一种虚怀若谷的表现。广纳意见,将有助于你迈上成功之路。

万一碰上向你浇冷水的人,不妨想想他们不赞同你的原因是否很有道理?他们是否看见了你看不见的盲点?他们的理由和观点是否与你的相同?他们是不是以偏见审视你的计划?问他们深入一点的问题,请他们解释反对你的原因,请他们给你一点建议,并中肯地接受。

另外,还有一种人,他们无论对谁的计划都会大肆批评,认为天下所有人的智商都不及他们。要是碰上这种人,别再浪费你宝贵的时间和精力,还是去寻找能够与你分享梦想的人吧。

一位植物学教授打过一个比方:"许多自然现象显示:全体大于部分的总和。不同植物生长在一起,根部会相互缠绕,土质会因此改善,植物比单独生长更为茂盛;两块砖头所能承受的力量大于单独承受力的总和。"

这些原理也同样适用于人。只有当人人都敞开胸怀,以接纳的心态尊重差异时,才能众志成城。只有集思广益,才有可能获得成功。

5.爱你的敌人并不吃亏

"爱"是友好的表示,爱亲人,爱朋友,爱恋人,这都是内心情感的需要,是人的本能,而"爱你的敌人"却有点令人费解。体育竞技场是最能体现这种特殊的情感的地方。

随着比赛哨声的吹响,拳击台上走来两位选手。他们两位势均力敌。走在前面的那位叫阿森,他笑容满面,礼貌地向全场观众挥手致意。后面那位叫约翰,显然他还没有消除对阿森的敌意,因为上一场比赛阿森让他出尽了丑。约翰一上场,就虎视眈眈地瞪着阿森,对全场热情的观众不理不睬甚至连比赛的礼仪——双方握手拥抱也粗暴地拒绝,就那样瞪着血红的眼睛,看着阿森,等着裁判的哨声。对于约翰的无礼,阿森显得比较宽容,只是耸耸肩,一笑了之。

比赛一开始,约翰就以夺命招来取阿森,企图先声夺人,置对手于死地。不但阿森心里明白,连全场观众也知道约翰这是在报仇,是在发泄,而不是在进行高质量高水平的比赛。于是所有的目光都聚集在阿森身上,所有人都在为阿森加油。

终于,比赛以阿森胜利而告终。

这正是众望所归的结果。如果我们说这场比赛的胜负取决于两人的态度和心态,似乎有些武断,甚至是牵强附会。但不可否认,在这场势均力敌的比赛中,良好的心态绝对是阿森取胜的重要因素。

无论如何,爱你的敌人并不吃亏。此话怎讲?

能爱自己的敌人的人是站在主动的位置上,采取主动的人是"制人而不受制于人",你采取主动,不只迷惑了对方,使对方搞不清你对他的态度,也迷惑了第三者,搞不清楚你和对方到底是敌是友,甚至都会误以为你们已"化敌为友";可是,是敌是友,只有你心里才明白,但你的主动,却使对方处于"接招"、"应战"的被动态势,如果对方不能"爱"你,那么他将得到一个"没有器量"之类的评语,一经比较,二人高下立现,所以当众拥抱你的敌人,除了可在某种程度之内降低对方的敌意之外,也可避免加深你对对方的敌意。换句话说,在为敌为友之间,留下了条灰色地带,免得敌意鲜明,反而阻挡了自己的去路与退路。

此外,你的行为,也将使对方失去再对你进行"攻击"的立场,若他不理你的拥抱而依旧"攻击"你,那么必招致他人的谴责。

　　罗纳先生住在瑞典的艾普苏那。他在维也纳当了很多年律师，但是在第二次世界大战期间，他逃到瑞典，当时他一文不名，很需要找份工作。因为他能说并能写好几国的语言文字，所以希望能够在一家进出口公司里找一份秘书工作。绝大多数的公司都回信告诉他，因为正在打仗，他们不需要这一类人，不过他们会把他的名字存在档案里。但是一家公司在写给罗纳的信上说："你对我生意的了解完全错误。我根本不需要任何替我写信的秘书。即使我需要，也不会请你，因为你连瑞典文也写不好，信里全是错字。"

　　当罗纳看到这封信的时候，简直气得发疯。于是罗纳也写了一封信，目的是要使那个人大发脾气。但接着他就停下来对自己说："等一等，我怎么知道这个人说的是不是对的？我修过瑞典文，可是这并不是我的母语，也许我确实犯了很多我并不知道的错误。如果是那样的话，那么我想要得到一份工作，就必须再努力地学习。这个人可能帮了我一个大忙，虽然他本意并非如此。他用这种难听的话来表达他的意见，并不表示我就不亏欠他，所以我应该写封信给他，感谢他一番。"

　　罗纳撕掉了刚刚已经写好的那封骂人的信，另外写了一封信说："你这样不嫌麻烦地写信给我实在是太好了，尤其是在你并不需要一个替你写信的秘书的情况下。对于我把贵公司业务弄错的事我觉得非常抱歉，我之所以写信给你，是因为我向别人打听，而别人把你介绍给我，说你是这一行的领军人物。我并不知道我的信上有很多语法错误，我觉得很惭愧，也很难过。我现在打算更努力地去学习瑞典文，以改正我的错误，谢谢你帮助我走上改进之路。"

　　不到几天，罗纳就收到了那个人的回信，他请罗纳去看他。之后，罗纳得到了一份工作。

卡耐基指出:你的一些朋友,从你的麻烦中得到的快乐,极可能比从你的胜利中得到的快乐大得多。

爱你的敌人这个行为一旦做久了,就会成为习惯,这样你和人相处时,就能容天下人、天下物,出入无碍,进退自如,这正是成就大事业的本钱。

6.优势互补,团结合作

日本企业家盛田昭夫曾预言:企业组织形式正经历着一场深刻的革命,工业革命以来的传统的垂直式的功能化的管理模式将逐渐被淘汰,取而代之的是以团队为核心的扁平式的过程化的管理组织模式。

如今,企业管理已经步入了一个团队管理的时代。作为团队的一员,每个人的成功在很大程度上取决于能否与其他成员合作以实现既定目标。

工作中的团队合作理念起源于美国。但是,团队建设在日本的公司里所占的比重更大,有很多人都以此作为学习与了解日本经济和文化的一个突破口。

事实上,有些专家认为,正因为日本人欣赏团队合作精神,所以他们才有在当今世界经济之林中的领先地位。

全球著名的本田汽车公司,拥有一支优秀的有凝聚力的团队。

本田的创始人本田纯一郎,是从一名汽车修理工发展成为全球著名汽车王国带头人的人物。他一直强调,事业的成功仅靠个人努力是不行的,要实现远大的目标,不仅需要得力助手的相助,还要依靠所有员工的共同努力。的确,在本田纯一郎的成功之路上,其助手藤泽武夫、河岛喜好、西田通弘等,都为本田事业的发展做出了极为重要的贡献。同时,在这几位精诚合作的事业伙伴的带领下,本田公司的精英团队各展其才,共同打造了一个誉满全球的汽车王国。

公司创立之初,本田凭着自己的魄力和果断的作风,攻破了一个又一个难题。但是当公司发展壮大之后,他个人在销售环节上的弱点却成了公司继续发展的一大障碍。

本田没有自己的销售网络,所以只能把自己的产品交给销售商独家代售。销售商为了自己的利益,故意制造出市场上供不应求的局面,从而导致一方面本田公司的产品积压日增,另一方面其竞争对手们也推出了新产品,使本田公司销售量剧减。

就在公司陷入进退维谷的困境时,本田遇到了他一生的事业伙伴和知己——销售奇才藤泽武夫。两人很快就达成了共识。藤泽武夫将他的全部身家25万日元投资加入了本田技术研究工业公司。

藤泽加盟后的第一个重大决策,就是建立一套自己的配销系统。投入全球资金进行整车生产,并将全国市场划成若干大区域,每个区域设立本田的独家代售商。代售商再将他管辖下的地区划成若干小区域,再分别授权给若干零售商。就这样,本田公司很快就建立了一个遍布全国的销售网络。

正是因为有了藤泽的辅佐,本田技术研究工业公司才开始了飞速的发展。本田曾说过这样的话:"我对经销一窍不通,是个十足的门外汉。藤泽不懂技术,虽有驾照,可外出时却没有开过一次车。我们俩合起来才算一个企业的经营者。"

正因如此,自从藤泽加入公司后,本田就将公司的销售、人事、财务以及其他事务全权交给了他,甚至连公司最重要的印章都交给藤泽保管。本田自己则全身心投入于科研工作。现在,世界上每四辆摩托车中就有一辆是本田的产品;本田的汽车产量已达100万辆,几乎全世界的每一条路上都有本田车的身影。本田公司能取得如此辉煌的成就,离不开本田与藤泽的优势互补,离不开团队合作。

团队合作并不只存在于日本企业中,其他公司亦是如此。通过引入质量小组、开展员工参与、果断地根据美国实际运用团队的概况、实施员工持股计划等,美国公司也做出尝试,仿效他们的日本对手,并取得了相当不错的成绩。沃尔玛通用、IBM等,无疑都已经成为令世人瞩目的高凝聚力企业团队。在加利福尼亚州的弗里蒙特,通用汽车与丰田公司的合作项目就是这种尝试的一个实例。在这家美日合资企业里,日本式的团队管理为企业带来了巨大的经济效益。

就目前而言,凡进入世界500强的企业,无不致力于团队建设,而且都致力于团队规范化建设。

当然,团队及其凝聚力建设是一个漫长而艰难的过程。而且,团队虽有相对的独立性,但它们毕竟还是依托于公司而存在的。这就要求所有的团队领导者,在团队的建设和发展中,必须重视团队之间的合作与交流;优势互补,以精英团队带动整个企业的发展。

要想成为未来的企业领导者,就必须具备激励他人、培养员工的奉献意识、帮助团队为实现企业的远大目标而制定规划的能力。而要想成为一名优秀的团队成员,就必须善于表现自己的才能,证明你在团队中的重要性;同时,也要学会团结、合作。

7.别小觑"虾米"的集合

我们都很清楚,借他人之力是获取成功的捷径之一。但是在这条捷径上人们往往习惯于将目光聚焦到那些有权势、有财富的人身上,认为只有这些人才是自己人生路上的"贵人",才能给自己的成功"添砖加瓦"。

可是,大人物们高高在上,有时候,连接触到他们都很难。遇到这样的情况我们该怎么办? 坐以待毙,还是就靠自己蛮干?

不用发愁,这时候你不妨将目光投到某些小人物身上。

要知道"大小"并不是绝对的,二者可以转换。对待"小人物",你没有必要一味地趾高气扬,应该懂得变通,能向"小人物"借力也是不错的选择。在历史上,"鸡鸣狗盗之辈"曾经帮孟尝君逃脱大难,不就是很好的证明吗?

小人物就像小螺丝钉,运用得当,就能推动大机器的运转。不要小看"小人物",有的时候,"小人物"却有"大用处"。

戴笠当军统头子时,逢年过节,都要派人出去送礼,这礼并非是送给达官显贵的,而是在总统府里听差的人、门房、女仆或是文书。他们虽然地位卑微,绝不可能参与军国大事,但是他们毕竟天天都在蒋介石身边。蒋介石的行为、情绪的变化,都瞒不过这些人的眼睛。

然而对戴笠而言,这些信息还不是最重要的。在官场,公文积压都是常事，有的只是搁上十天半个月，有的一搁就是一年半载，即使批下来，也是另一种结局了。军统上报的公文，搁在蒋介石那里，戴笠是不敢催办的。可是清洁女工有这样的便利，她清扫蒋介石的办公室时，只要顺手在文件堆里把军统的公文翻出，放在上面就万事大吉了。戴笠的部下再有能耐，也不敢随便进蒋介石的办公室，这件事非清洁女工莫属。

千万不要小觑小力量的集合。当我们看到日本联合超级市场——以"中心型超级市场共同进货"为宗旨而设立的公司的惊人发展时，就会有如此的感慨。

就在1973年石油危机之前，总公司设于东京新宿区的食品超级市场三德的董事长——堀内宽二大声呼吁："中小型超级市场要跟大规模的超级市场对抗，生存下去的唯一途径就是团结。"可是，当时响应的只有10家，总营业额也不过只有数十亿日元而已。但是，现在的日本联合超级市场的加盟企业，从北海道到冲绳县共有255家，店铺数达到3000家，总销售额高达4716亿日元，遥遥领先大隈、伊藤贺译堂、西友、杰士果等大规模的超级市场。而且，日本联合超级市场的业绩，竟然是号称巨无霸的大隈超市的两倍。尤其近些年来，日本联合超级市场的发展更为迅速。1982年2月底，联合超级市场集团的联盟企业有145家，加盟店的总数有1676家，总销售额2750亿日元。但是，从第二年起，加盟的企业总数就增加为178家，继而187家、200家、253家持续地增长，同时加盟店的总数也由1944家增加为3000家……

如今，日本全国都可以看到联合超级市场的绿色广告招牌。

　　中国有句俗语："众人拾柴火焰高"。意思是说,要通过联合的力量,以实现个人力量所不能实现的目标。小企业、小公司,要在竞争中站稳脚跟,就得联合统一战线,共同出击,以群蚁啃象之势,去迎接各种挑战。

　　东北有家非金属矿业总公司——辽河硅灰石矿业公司,前身为辽河铜矿,因长年亏损,1983年改换门庭,从事非金属矿的开发与经营,所开采的优质硅灰石全部销往日本、韩国,公司也真正红火了几年。

　　据称,日本商人将硅灰石买上船,在回日本的航程中就加工成立德粉、钛白粉,中途返航,再运往上海、天津等地。

　　辽河硅灰石矿业公司于1990年从日本引进加工生产线,掌握了生产立德粉、钛白粉的技术,并从1992年起,开始生产建筑涂料。从1993年开始,所产硅灰石滞销,涂料市场滑坡,公司严重亏损。1997年,公司宣布破产,原来的各分厂,全部被私营单位买断。

　　1999年,日商再次光顾辽河公司,与私营小公司老板商榷购买200万吨硅灰石粉。可是,各自为政的小公司并没有这个魄力,也不可能在一年半的时间内完成合同任务。

　　眼睁睁看着煮熟的鸭子就要飞走了,就在日商即将离开之际,辽河其中一家公司的经理郝为本横下心,与日商签了合同。

　　郝为本心里清楚,如果不能按期交货,日商的索赔会让他倾家荡产,弄不好还得蹲大牢。但他冒了一次险。

　　郝为本拿着合同,请其他几家小公司的经理聚到一起,认真研究,联合起来吃掉这条"大鱼"。经过任务分配,平均利益,几家公司立刻行动起来。

九家公司经过有力的联合,一年半时间内,按时完成任务。

上述事例正印证了"虾米"联合起来吞掉"大鱼"的事实。因此,在现实生活中,当你觉得仅凭一人之力难以应付客户时,完全可以把能够借力的伙伴联合起来,让这种小力量的集合给你带来更多收获。

因此,在人际交往中,要灵活变通,懂得和小人物建立关系,巧妙地借助他们的力量,助你办成大事。

第六章

想保持平衡，就得不断往前走

时间总是不停地向前，世界上也没有后悔药出售，所以，对于我们来说，最好的选择就是将自己的想法立即付诸实现。行动是实现目标的第一步。

1.立即行动,绝不拖延

一天过完,不会再来,请勿将今日之事拖到明日。要立即为自己的目标制定行动的步骤。如果你的目标是一年赚10万的话,那么从确定目标的那一刻开始,就立刻拟出必须采取的步骤,比如到底哪个可以在一年内赚这么多钱的项目可供你参考?你是否该自己创立一番事业? 自己还缺少什么资源?然后立即付诸行动。

我们几乎每天都会听到这样的话:"如果我当年就开始做那笔生意,现在早就发财啦!""如果我当时勇敢地说出这个创意,那我早就出名了。""如果……"而事实是怎样的呢?说这话的人既没有发财,也没有出名。他们在有了想法的同时,并没有采取相应的行动,最后他们也只能用"如果"来安慰自己。

时间总是不停地向前,世界上也没有后悔药出售,所以,对于我们来说,最好的选择就是将自己的想法立即付诸实现。行动是实现目标的第一步。

一天,克里斯和亚当斯在一家医院的五官科相遇了,他们都感觉自己的鼻子有问题。在等待化验结果期间,两人聊了起来,克里斯说:"如果是鼻癌,我会立即去旅行,并且,这些年没有来得及实现的愿望,我将会一一去实现。"亚当斯也这么表示。结果出来了,亚当斯得的是鼻癌,克里斯只是鼻息肉。于是克里斯留在了医院,亚当斯则放弃了治疗。

人生 就像
自行车

　　离开医院后的亚当斯立即给自己列了一张表单，在表单上，他一一列出了这些年来自己想做的各种事情，包括去埃及旅游、以金字塔为背景拍一张照片、在希腊看苏格拉底的照片、读完莎士比亚的所有作品、竭尽全力成为哈佛的一名学生、在临终之前写一本书……加起来共20条。

　　为了不留遗憾地离开人世，亚当斯辞去了公司的职务，打算用生命的最后几年去实现表单中列出的20个愿望。

　　不久，他就实现了第一个愿望——去了埃及和希腊。回到家中，他又以惊人的毅力和韧性通过了自学考试，成为哈佛大学哲学系的一名学生……几年的时间，亚当斯已经实现了19个愿望，现在只剩下最后一个——写一本书。

　　有一天，克里斯在报上看到亚当斯写的一篇有关生命的散文，于是打电话去问亚当斯的病情。亚当斯说："多亏了这场病，要不是这场病，我真的不能想象我的生命该是多么的糟糕。但是，现在，因为它，我的生命发生了改变，我已经实现了我的大部分梦想，并且正在为最后一个梦想而尝试写作。你呢，你的梦想都实现了吗？"

　　克里斯没有回答，在医院治好了鼻息肉后，他就继续上班，早就将那些梦想抛在脑后了。

　　行动大于结果，正像英国著名的前首相本杰明·笛斯瑞利所说的那样：虽然行动不一定能够带来令人满意的效果，但不采取行动一定无满意的结果可言。只有立即采取行动，我们才能够离自己的目标越来越近。

　　当你确定了一个目标后，就应该绝不拖延，立即向目标进发，这样，你遇到的阻力就会越来越小，心态就会越来越积极，实现目标的可能性也会越来越大。

沃尔特·皮特金在好莱坞时，一位年轻的支持者向他提出了一个新颖且大胆的建设性方案。这个方案很不错，在场的人全被吸引住了，不过大多数人还是认为应该考虑一下，然后再讨论决定是否启用这个方案。当其他人还在琢磨时，皮特金却以惊人的速度向华尔街拍电报，以电文热烈地陈述了这个方案。最后，1000万美元的电影投资立项就因为这个电文而拍板签约。

虽然那个方案当时吸引了所有在场的人，但是，试想一下，假如他们拖延行动，它就极可能在他们的小心翼翼中自动"流产"，然而皮特金立刻付诸了行动，而且因为他的立即行动，那个方案获得了更多人的认同。

一个人的行为将会影响到他的态度，行动能够带来回馈和成就感，当一人潜心工作时，他所得到的自我满足和快乐是没有什么东西能够替代的。所以，如果你行动了，你就能找到快乐，如果你找到快乐了，就能更好地发挥自己的潜能，就会变得更加积极。

也许有人会说，我也知道立即行动很重要，可是，如果条件不成熟，行动的结果也是失败，所以我只是为了等待更好的更合适的机会。

这句话看似很有道理，而实际上，从心理学的角度来分析，它代表的是一种逃避和拖延的心理，这些人总可以找到让自己拖延下去的理由，只要说出"也许"、"希望"、"但愿"或"可能"这些词，就能心安理得地给自己找到不用马上行动的最好的理由。

然而，我们需要明白这样一个道理：所有的"希望"和"但愿"都是在浪费时间,都是一厢情愿的妄想,依靠"希望"、"但愿"或者"可能"永远也无法成功。而且,世间永远没有绝对完美的事,更没有人能够真的做到万事俱备。如果你只是坐在那里等待最佳机会的到来,那你可能一辈子都要在等待中度过了。许多成功的人在总结经验时说,问题的解决办法往往会在实践的过程中找到。如果一味地延迟、企图去满足"万事俱备"这一先行条件,不但辛苦加倍,还会使灵感失去应有的乐趣。古罗马一位大哲学家曾说过:"想要到达最高处,必须从最低处开始,想要实现目标,必须从行动开始。"所以,不要把希望寄托在虚无缥缈的未来,而要用自己的双手去实现希望。

及时行动要做到以下两点:

第一,切实执行自己的创意,以便实现创意的价值。如果不能立即实施,不管创意有多好,都无法有显著的收获。

第二,行动的时候不要瞻前顾后,先按照自己的想法来做,遇到问题再一步步地来,"万事开头难",只要勇敢地开头了,后面的就都好办了。

2.你的行动力就是你成功的宣言

人类进化成为最高级的动物,并且其以独特的方式宣告:我可以独立行走了。人类进化的几千年以来,行动力一直是人类适应地球的本能。

在今天这个全球一体化的时代里,行动力又有了另外的一种诠释：是人与环境互动的一种结果。所以行动力的执行程度，成了人能否走向成功的标尺。周密策划一件事情，执著于某一个领域或某件事情，甚至一种品格都属于行动力。这些行动力的程度，决定了你的成功与否。

梅丹理是名校毕业生，无论是在学业上还是在家庭背景上，他都占据着优势。可是毕业后，他并没有像其他同学那样到大公司或是自己的家族企业里上班，而是选择了一家不太知名的小广告公司。这让很多人无法理解，但梅丹理却对朋友们说道："是金子总会发光，不管做什么事情，都要对自己有信心，因为没有什么是不可能的，只要你行动了。"

梅丹理对事业充满信心，他刚应聘广告销售员这个职位的时候，对于这个职业还一无所知，老板告诉他："业务员就是把想象付于行动，把幻想变成现实。"

于是，梅丹理开始着手工作，他列出一份名单，准备去拜访这些很特别的客户。公司里的其他业务员都认为那些客户是不可能和他们合作的，但梅丹理执意要去试一试。

梅丹理怀着坚定的信心去拜访这些客户。令所有人都想不到的是，两天之内，他和18个"不可能"的客户中的3个谈成了交易。到第一个月的月底，18个客户中只有一个还没有同意合作。当然，梅丹理是不会轻易放弃最开始决定的计划的，他决定继续拜访那位顾客，直到成功为止。

两个月以来，梅丹理每天早晨都到拒绝买他广告的那位客户那里去报到，只要他的商店一开门，梅丹理就进去试图说服那位商人做广告，而每天早晨，这位商人都回答说："不！"可是每当这位商人说"不"时,梅丹理都假装没听到一样,然后继续前去拜访。到了这个月的最后一天,已经连续对梅丹理说了30天"不"的商人说:"年轻人,你已经浪费了一个月的时间来请求我买你的广告,我现在想知道的是,你为何要坚持这样做?"

梅丹理说:"我并没有浪费时间,这段时间我其实也是在学习,而您就是我的老师,我一直在训练自己在逆境中坚持的精神。"那位商人点点头,接着梅丹理的话说:"我也必须向你承认,这一个月来我也一直在学习,而你就是我的老师。你已经教会了我坚持到底这个道理,对我来说,这比金钱更有价值,为了表示对你的感激,我决定买你的一个版面的广告,当作我付给你的学费。"

梅丹理凭借自己坚韧不拔的精神和实际行动,终于打动了客户,为自己赢得了机会。

梅丹理的成功让我们看到了行动的魅力。他用实际行动把"不可能"的事情变成了可能。试问,难道这是因为梅丹理有超凡的智慧吗?错了,梅丹理跟我们一样平凡,没有过人的智慧,如果说梅丹理有什么过人能力的话,那么敢于行动就是他的过人之处。你也可以,不是吗?

行动是成功的必经之路,假如你连行动都没有,那就更谈不上成功了。不管是什么样的道路,都要有一个开始,行动就是成功的那个开始。

不要认为别人都不去做的事情就是不可能的事情。别人连行动的机会都没有给予那件事,我们又何以判定那件事情不可为呢?所以行动是成功的实验室,是否成功都要行动过后才能得出结果。我们与其浸染在幻想的人生里头,还不如行动。只有一次次实际的行动,才能证明哪条路才是你要走的,也只有这样,成功才会属于你。

当你迈出第一步的时候,你的行动就是你的成功宣言。成败与否让行动去定夺吧。

3.知道不如做到,想到更要做到

很多时候,灵光一现的创意确实是弥足珍贵,能给人们的成功带来意想不到的效果。然而,想法终究只是存在于脑海里,没有行动就只是一脑子空想而已。因此,知道不如做到,想到更要做到。

汽车大王亨利·福特告诉我们一个极为简单的成功法则。他说:"认为自己能做到,或是不能做到,其实只是一个转念。"不要因为人们的怀疑,就阻碍了你的想象空间的发挥。只要想到了,就要去付诸行动。只要努力行动,没有什么是不可能的。如果一味怀疑,迟迟不肯行动,那么再美妙的想法也只能是纸上谈兵,永远不可能成为现实。

20世纪上半叶,飞行还处于螺旋桨式的小飞机时代,这类机型不仅无法长时间飞行,而且运载量低,故障率也高。美国环球公司为了发展航空科技,特别举办了一个有关航空的征文,题目是"我心目中的未来航空"。

其中,有位参赛者名叫海伦,她非常热爱飞行,对航空更是充满憧憬。她认真地写下自己的梦想:到了1985年,喷射飞机里将能载运

人生 就像
自 行 车

300位热爱天空的乘客,而且最高时速可达700英里,总航程可达5千万英里。有的飞机能自由降落,也能在大楼平台上紧急降落,而我们更可以乘坐飞机,很快地到达世界的各个角落,像美丽的夏威夷或埃及的金字塔。这样,旅程缩短了,生命也就加长了!充满想象的海伦,还对机场的设施与导航设备等都做了预测。

然而,如此大胆的想象却不被人们看好,甚至当时的专家学者也认为这根本不可行。于是,海伦的"伟大想象"就这么被弃置了,没有人在意这份充满创意的"梦想"。

40年后,创意部门在整理档案时,统计出这些40年前的作品,一共有13000份。

大家在一一整理阅读时发现,多数作品明显保守、缺乏创意,直到他们看见海伦的答案时才眼前一亮。

因为,当年她所"梦想"的,如今都已经实现了,而且几乎一模一样。大家为之惊奇不已,也对海伦由衷敬佩。

经过一番寻找,他们终于找到了海伦,这时她已经80多岁了。公司带来了五万美元,作为迟来的奖励。

海伦通过她对飞行的了解与热爱,构建出对未来航空的憧憬。如果她的大胆想象获得当时评审者的青睐,并给予重视的话,海伦的梦想也许不必等到40年后才实现。

再奇妙的想法也需要勇敢地付诸实践。因此,想法和周全的计划很重要,而勇敢地踏出实践的第一步更重要。

在法国南部一个很小的城市里住着一群人。他们从来没有离开过小城,他们一直都认为这个小城是最美丽最富饶的地方。后来,有一位外地的客商路过小城,客商告诉他们:小城只不过是一个极不起眼的地方而已,还有很多地方比这个小城更美丽、更富饶。

听了客商的话,小城中的人们决定出去走一走,开开眼界。有了这个想法之后,他们决定在出发之前做一份周全的计划。他们根据客商的描述制定了一份内容详尽的计划。后来客商离开了小城,留给了他们一本关于旅行的书。根据这本书介绍的内容,他们感到最初制定的那份计划太不周全了,于是又加入了一些条款。

经过几次修改和完善,他们终于有了一份完整的出行计划,可还是不能立即出发,因为出行计划上罗列的许多东西他们还没有准备好。他们还要买地图,由于从来没有走出过小城,所以他们只能从外面来的一些商贩手中购买地图。终于有商贩来了,人们从商贩手中买了好几份地图,不过商贩告诉他们,如果想到更远的地方旅行最好用地球仪,于是他们又等待卖地球仪的商贩进城。

就这样,他们等到了地球仪。在买了地球仪之后,他们发现还需要火车时刻表,有了火车时刻表之后又发现还需要指南针。在这些东西都准备好之后,他们又觉得还需要一个行李箱,行李箱准备好了之后又发现没有锁出门不安全,他们又找铁匠打了一把十分保险的锁……

等他们把一切都准备好之后,他们才发现自己早已年老力衰,根本没有足够的力气去实施当年的计划了。而且他们当初的那份雄心壮志早已被时间消耗殆尽了,最后他们不得不老死在小城中。

空有计划而不付诸实践永远都不可能成功,就像故事中小城的人们一样,计划虽然天衣无缝,极尽完美,但是他们始终都没有将计划付诸实践,最终也使得他们完美的计划付诸东流,没有任何实际的效果。

　　成功的第一步总是很艰难的,需要莫大的勇气和决心,而将想法付诸实践便是实现梦想的第一步。只有踏出了这一步,才能迈上成功的大道。

4.不再迟疑,立刻行动

　　快速的生活节奏,仿佛没有给我们半点犹豫的机会,因为一旦犹豫,别人将领先一步。优胜劣汰的社会规律告诉我们,做事要干脆利索,想好的事情就要马上行动,否则将错过机会。

　　当然,我们所倡导的不再迟疑,是指要在深思熟虑的情况下做出决定。当决定要去实现的时候,我们就要马上行动,这是积极的表现。有许多人在决定某一件事情之后,总是希望奇迹出现,因此做什么事都慢吞吞的,结果等他想要去行动的时候,机会已经溜走了。所以,人生需要人们懂得如何"马上行动",只有这样,才有可能成功。

　　安东尼·吉娜是目前纽约百老汇中最年轻、最负盛名的演员之一,她曾在美国著名的脱口秀节目《快乐说》中讲述了她的成功之路。

　　几年前,吉娜是大学艺术团的歌剧演员。那时她就向人们展示了一个璀璨的梦想:大学毕业后先去欧洲旅游一年,然后要在百老汇成为一位优秀的主角。

第二天,吉娜的心理学老师找到她,尖锐地问了一句:"你旅欧完后去百老汇跟毕业后就去有什么差别?"吉娜仔细一想:"是呀,赴欧旅游并不能帮我争取到百老汇的工作机会。"于是,吉娜决定一年以后就去百老汇闯荡。

这时,老师又冷不丁地问她:"你现在去跟一年以后去有什么不同?"吉娜有些晕眩了,想想那个金碧辉煌的舞台和那只在睡梦中萦绕不绝的红舞鞋,她情不自禁地说:"好,给我一个星期的时间准备一下,我就出发。"老师却步步紧逼:"所有的生活用品都能在百老汇买到,为什么非要等到下星期动身呢?"

吉娜终于说:"好,我明天就去。"老师赞许地点点头,说:"我马上帮你订好明天的机票。"

第二天,吉娜就飞赴全世界最巅峰的艺术殿堂——纽约百老汇。当时,百老汇的制片人正在酝酿一部经典剧目,几百名演员前去应征主角。

吉娜到了纽约后,并没有急于去漂染头发和买衣服,而是费尽周折从一个化妆师手里拿到了将排的剧本。这以后的两天里,吉娜闭门苦读,悄悄演练。初试那天,当其他应征者都按常规介绍着自己的表演经历时,吉娜却要求现场表演那个剧目的念白,最终她以精心的准备出奇制胜。

就这样,吉娜在来到纽约的第三天,就顺利地进入了百老汇,穿上了她演艺生涯中的第一只红舞鞋。

只要你比别人更早、更勤奋地付出行动,你就会更早地品尝到成功的滋味。所以,马上行动,以最快的速度去争取到你想要的东西,另外,马上行动还能让你的热情继续燃烧下去,有助于你的潜能发挥。如果几年后再去实施行动,恐怕到那个时候,你的那份热情早已冷却了。

有一个叫麦克乔纳的美国男孩,自幼生长在一个无忧无虑的家庭里。他从不为任何事情感到担忧,因为无论出现什么事情总有人为他担着。

麦克乔纳的妈妈曾经告诉他:"别以为家庭条件好,就可以不积极做事,如果你总是这样对自己不负责任,终有一天你会栽在你的懒惰上。"

麦克乔纳没有把母亲的话放在心里,依然我行我素,考试不好就找人代考,从不想通过补课把学习提高上去。花钱也大手大脚,从不知道积累财富,也不去把花掉的钱想办法弥补回来。就这样,麦克乔纳40岁那年,都快要把父母遗留下来的财产用光了。

这时,麦克乔纳想起妈妈曾说过的话,并发现了自己的错误。原来自己一直缺乏积极行动的态度。所以在一次次的机会被他浪费掉,家产也快没有的情况下,麦克乔纳经过一晚上的思考,决定从现在开始,认真对待每一件事情,并积极采取行动。

第二天,麦克乔纳开始在城市间奔波,到处找工作。他找了一家又一家,最后终于有一家做销售的公司录取了他。他随即认真列出要拜访的顾客的名单,然后按照名单一个个地去拜访。当别人摇头的时候,他积极采取行动,找出失误的原因,积极跟顾客解释,一个月下来,他竟然卖掉了120万美元的产品。公司的员工都觉得很惊讶,问他是怎么做到的,麦克乔纳回答说:"我只是认真实践我妈妈曾经说过的话,一个人要想有所成就,就要积极采取措施,使自己的人生变得丰富美丽起来。"

麦克乔纳自身也从这些成功中找到了乐趣，并不断地认真地对待每一件事情。几年后，麦克乔纳所积累的财产又达到了父母留下来的那个程度，又过了几年，麦克乔纳的财富已经远远超过了许多美国中层公民，再几年后，他已经是小有名气的富翁了。

许多年后，麦克乔纳回忆说："我的财富是积极行动所赋予的。"

契诃夫曾说过："你认为自己是什么样的人，就将成为什么样的人。"

请不要再犹豫了，马上行动吧！

5.不愿付出行动的梦想，只能成为幻想

每个人都有梦想，或大或小。但是每个人的梦想未必都能实现。人们必须设法去改变一些现状，然后努力去追求才能得到自己想要的。

抱着梦想去生活的人，只能停留在梦想的世界里，时间长了，梦境将在现实的逼迫下破灭，最终什么都没有。

成功不会从天而降，也不会自动生成，我们必须靠双手去实现它。梦想是维持行为的动力源泉，但一味地去空想，成功也将远离你。

布朗的课堂上就曾经讲述过这样一个案例：一个乞丐的梦想。

年轻的流浪汉克拉克一整天都没有吃东西了，现在正值初冬，

外面十分寒冷。他走到一个肮脏的桥洞处,靠在冰冷的石壁上迷迷糊糊地睡着了。

在睡梦中,克拉克发了一笔横财,他用这些钱办了好多家大公司,拥有了自己的房子,还娶到了一位美丽善良的妻子,并生下了四个可爱的孩子。孩子长大后也都取得了非凡的成绩,一个成为科学家,一个成为大将军,一个当了外交部长,还有一个成为了一名出色的商人。后来克拉克又有了几个活泼可爱的小孙子,一家人其乐融融。

克拉克后来的成绩更是惊人,他成为了世界顶级的富豪,经常和各国首脑一起吃饭、会晤……年老的时候,他把生意交给了孩子们,而他则是经常带着妻子与孙子们到处游玩,生活得相当惬意。一天,他与孙子在游乐场玩飞天轮的时候,突然从高空中掉了下来,吓得他尖叫了起来……

克拉克突然被吓醒了,他睁开眼睛一看,自己还是躺在冰凉的石板上,刚才的一切只不过是一场梦而已。身下这冰冷的石板似乎在提醒他,现在最重要的不是美梦,而是要找些食物来填饱他饥饿的肚子。

这个故事告诉我们,梦想始终是梦想,不为梦想付出努力,那梦想只能存留在你的大脑里,永远不可能变成现实。

做梦是每个人的权利,但是,一旦梦醒之后,我们仍然面临着现实。如果只有梦想,不为梦想付出努力和行动,那么,梦想只能停留在远处,终究没有成功的那一天。梦想、行动、成功,这三个因素是连在一起的,行动是梦想变为成功的唯一途径。要想实现自己的梦想,只有从现在做起,抓紧时间去行动。

第六章

想保持平衡，就得不断往前走

有一个叫乔纳西尔的美国男孩，自幼家境贫寒。他十分体谅父母的辛劳，所以在很小的时候他就开始帮助爸爸妈妈操持家务。

乔纳西尔的妈妈曾经告诉过他，他们的家族之所以如此贫穷，那是因为他们从未有过成功的愿望，也从未有过出人头地的想法。如果想要成为一个出色的人，首先你就要有梦想，然后再为此付出行动。

乔纳西尔时刻都牢记着母亲的这一番话，他也一直在寻找着走上成功之路的方法。他总是把自己所需要的东西记在心里，就这样愿望的种子就在他的心里生了根。

乔纳西尔认为经商会是一条通往成功之路的好办法。于是他就先从小职员入手，在日用品公司当起了业务员。他对待自己的工作极其认真负责，在这期间，他有了自己的顾客群体，也了解到了哪些产品是最热销的，哪些顾客喜欢用什么品牌的产品，为将来的事业奠定了一定的基础。两年后，乔纳西尔凭借这些经验和人脉关系，拿出了自己的所有积蓄，在日用品厂商那里购进一些日用品，然后自己挨家挨户地进行推销。

乔纳西尔在梦想的推动下，从未放弃过努力。他不畏各种艰难困苦，一件件地推销着产品，一分分积累着资金，一年365天不论刮风下雨从未间断过。就这样，十年过去了，有一天，他获悉曾供货与他的那家日用品公司将要拍卖出售，经过努力，乔纳西尔终于买下了这家公司。此后，乔纳西尔还在三家化妆品公司、两家袜类贸易公司和一家报馆取得了控股权。在不懈努力下，乔纳西尔终于成为了一位成功的商人。

人的一生就应该充满梦想，而进取心就是人积极向上的动力。用你的行动去实现你的愿望，去见证你的梦想。

行动起来吧,别把希望寄托在那虚渺的奇迹上。只要你信念坚定,激情十足,再加上坚持不懈的行动,一定会成功。

6.不要为你的等待找任何借口

社会的现实需要我们在走每一步前,都下定决心,并付于行动。等待和安慰式的找借口只能让自己走入迷途,如此一来,你将在茫茫人海中,失去主动权。

人们仿佛有太多的理由去失败,而没有太多的理由去成功。其实并不尽然,只是人们习惯了为自己找理由而已。找借口会使事情止步不前,如此一来,人生便停留在了那个借口之上。

老鼠家族召开紧急会议,商讨如何对付这户人家的另一个住户——猫。因为这只巨大的不速之客十分厉害,让老鼠们吃尽了苦头。于是大家开始献计献策,想要制定一个对付猫的万全之策。

"我们干脆研制一种毒药,让那只老猫一闻毙命!"一只老鼠首先说道。

"不行不行,那我们闻了岂不一样没命?"

"就是嘛!还有好主意吗?"

又有一只老鼠提议道:"那我们就让猫培养吃鸡吃鸭的饮食习惯。"

众老鼠冥思苦想,纷纷献计,可都被否决了。

最后，一只老奸巨猾的老鼠开口说话了："我有一个好主意，只是不知道有谁有这样的胆量。我们给猫的脖子上挂一个铃铛，只要猫一动，就会有响声，大家就可以事先躲避起来，让猫扑个空。"

众鼠异口同声地称赞道："真是太妙了。高，实在是高！"

这项决议是通过了，可是由谁前去实施呢？这真是一个难题。结果没有一只老鼠敢去挂铃。后来鼠王重新召开家族会议商讨这个问题，并提出会有巨额奖金以资鼓励，但是大家纷纷找借口推脱着，因为谁也不想去送死。

事情就这样一直拖着拖着，老鼠们的日子仍旧不好过，时常受到猫的欺凌。

只有想法，不去行动，就永远不会得到你想要的结果。任何事情想得再多，说得再好，都不如亲自去尝试一下，一味地拖延只能失去更多的机会。

没有等来的成功，只有行动出来的结果。如果只是一味地拖拉、等待，不仅不能把事情从根本上解决掉，反而会错失良机，导致最后全盘崩溃。

行动力，并不是说不按时间去行动，而是说在机会面前要立刻行动。如果你的眼前没有任何机会，也不应该盲目等待，因为机遇是寻找出来的，有行动才会有开始。那些在困难面前不敢行动的人，只会用借口来安慰自己的人，成功是不会出现在他们面前的。

米亚是一个很可爱的女孩。她很有理想，但是她有个坏习惯，她习惯等待与理想相吻合的机遇。

一天，她听说有人将要以大价钱收购草莓，如果现在去摘草莓，再卖给那位收购草莓的商人,将会得到一笔不菲的收入。米亚听了很高兴,蹦蹦跳跳地跑回家等待着商人的到来,可是怎么等都不见商人出现。草莓的成熟期很快就过去了,商人出现了,可是米亚一颗草莓都没有摘,拿着空空的篮子遗憾地说:"没事,只是时间上有点误差而已。如果商人在草莓成熟时出现,我就可以成功了。"

米亚继续等待,并保持着为等待找理由的习惯。直到28岁,米亚还是一事无成。米亚的妈妈看出了女儿的弱点,主动找米亚聊天。

米亚的妈妈告诉她:"人生没有等待出来的奇迹,我们要认真行动起来,走在时间的前面,争取每一个机遇,这样成功才会靠近你。"

米亚半信半疑地按照妈妈的话去努力寻找成功的机遇,并积极地行动。终于有一天,她找到了之前收购草莓的商人,问他现在需要收购什么,商人说:"现在需要收购土豆,如果你有土豆可以卖给我,我要用大价钱收购。"

米亚听商人这么说,很是高兴地留了商人的联系方式,回到家立刻提着菜篮子去挖土豆,几天后联系商人来收购。如此一来,米亚赚了不少钱,更重要的是从中体会到了成功的乐趣。

等待与懒惰都是坏习惯,成功与行动是成正比的。人的生命是有限的,等待并不能实现梦想,只能换来时间的流逝。应该积极行动起来,抛去一切懒惰的思想,不为任何困难找借口,踏踏实实地做每一件事情。

不要以星期天不用上班为借口而睡懒觉;夏天不因为天气酷热而不想出门;上班不为环境的不理想而变得懒惰……诸如此类的借口,往往都是阻碍我们前进、阻碍我们发展的石头,只要我们拿出勇气,坚定地把那块石头搬走,我们的人生道路也就畅通无阻了。

第六章
想保持平衡，就得不断往前走

托马斯是一个探险爱好者，他最喜欢的就是背上行囊穿梭于各大高峰险滩之间，再高再险的山峰，托马斯都要征服它们。过段时间回到家中，他全身筋疲力尽，衣服破烂不堪，但却快乐无比。

但令托马斯感到苦恼的是，他的工作不允许他经常探险。他是一个化妆品推销员，长时间的外出探险会使他失去很多推销产品的机会。有一天，当他依依不舍地离开森林准备打道回府的时候，他突发奇想：在这荒山野地、深山老林里会不会也有居民需要化妆品呢？这样我不就可以在户外消遣的同时也不耽误自己的工作了吗？调查发现果真有这样的人存在：阿拉斯加铁路公司的员工。他们大部分人都散居在沿线五十里各段路轨的附近。

托马斯当天就开始了他的计划。他向一个旅行社打听清楚以后，就开始整理行装。他不肯停下来是因为不想因一时动摇而改变现在的想法，他也不左思右想找借口，而是搭上船直接前往阿拉斯加。

托马斯沿着铁路开始了他的工作。他很快就成了那些"与世隔绝"的家庭最受欢迎的客人，并不单单是因为他们这里没有人前来，而是托马斯给他们带来从未见过的新鲜物品——化妆品，他代表了外面的文明。托马斯在那里还学会了理发，替当地人免费服务。他还教当地的妇女烹饪，使那些吃厌了罐头食品和腌肉的当地居民饱尝了美味。与此同时，他也过着自己喜欢的生活，徜徉于山野之间，走进森林，登上高峰，过着自己想要的生活。

梦想是要靠行动去实现的，而不是靠空想支撑着。记住，没有"天上掉馅饼"的好事发生，任何成功都需要付出努力。

7.敢于采取与众不同的行动

常人的观点,常规的思维,大众化的行动,只能获得普通人拥有的财富;独到的见解,超常规的思维,与众不同的行动,是获得巨额财富的前提。

成功的人往往敢于冒险,"冒天下之大不韪",从而达到他人无法达到的成就。

在人们喝着可口可乐的时候,很少有人知道,这个巨大的饮料帝国的财富和影响力,是由一个名叫阿萨·坎德勒的年轻店员偶然一次勇敢的尝试最终得来的。

那是很久以前的事了。一次,一位年迈的乡下医师驾马车来到美国某个镇上,他拴好了马后,便悄悄从药房的后门进入里面,开始与一位年轻的店员谈生意,那位年轻的店员正是饮料帝国的创始人阿萨·坎德勒。

在配方柜台的后面,这位老医师与那位年轻店员低声谈了一个多小时,然后走了出去,到他的马车上取出一只老式的大壶及一个木质的板子(用来在壶里搅拌的)。店员检查了大壶之后,从自己的内衣袋中取出一卷钞票,递给医师,整整500美元,这是年轻店员的全部积蓄。

老医师又递过一小卷纸,上面写的是一个秘密公式。这小纸卷上的公式和文字记载着烧开这旧壶里的液体的方法。可是当时的医师和店员都不知道从壶里流出来的,将是令人难以相信的财富。

老医师很高兴他那一件物品卖了500美元,年轻店员则冒了很大的风险,把毕生的储蓄都花在这一小卷纸和一只旧壶上了。

当年轻店员把一种新成分与秘密公式的配方混合以后,一种新型饮料出现了,后来逐渐形成了一个庞大的饮料帝国。它雇用了与陆军人数同样多的职员,影响波及世界各地,而这个帝国的所有人就是阿萨·坎德勒——那位年轻的店员。

成功的人都清楚地认识到人生路上风险是在所难免的,但他们仍充满信心地在风险中争取事业的成功。然而,每个人所能承受的风险都有一定的限度,超过这个限度,风险就变成了一种负担,会影响你生活的各个层面。

因此,当你准备进行冒险时,必须考虑到自己愿意和能够承担多大风险,这要根据个人的性格和条件来决定。同时,还要有合理的风险观念:去冒值得冒的险,然后设法降低风险。

此外,虽然冒险精神是必要的,但绝对不可以冲动。财富绝对不会对懦弱的人微笑,同样的,财富对有勇无谋的冲动派也没有什么兴趣。

机遇往往就在你的脚边,准确地讲,是在你的眼里、手里。这个时候往往是考量一个人是不是有一点冒险精神的时候。

这是一位船长的亲身经历:

"那天晚上碰到了不幸的'中美洲'号,"一位船长讲述道,"天正渐渐地黑下来。海上风很大,海浪滔天,一浪比一浪高。我给那艘破旧的汽船发了个信号打招呼,问他们需不需要帮忙。'情况正变得越来越糟糕。'亨顿船长朝着我喊道。'那你要不要把所有的乘客先转

到我的船上来呢？'我大声地问他。'现在不要紧，你明天早上再来帮
我好不好？'他回答道。'好吧，我尽力而为，试一试吧。可是你现在
先把乘客转到我船上不是更好吗？'我回答他。'你还是明天早上再
来帮我吧。'他坚持道。我试图向他靠近，但是，你知道，那时是在晚
上，天又黑，浪又大，我怎么也无法固定自己的位置。后来我就再也
没有见到过'中美洲'号了。就在他与我对话后的一个半小时里，他
的船连同船上那些鲜活的生命就永远地沉入了海底。"

其实，在我们的生活当中，又有多少像亨顿船长这样的人，他
们在欢乐的时刻盲目乐观，在噩运的面前又是那么的软弱无力，
只有在经历过之后，他们才幡然悔悟，明白了"机不可失，时不再
来"。然而，这时已经迟了。

有这样一个故事：

有一次，一个叫摩根的年轻人，由于工作原因，他被派往古巴
采购海鲜货物。回来的时候，货船在新奥尔良码头作了短暂的停
泊休憩。

摩根是一个很有心计的人，尤其是在时间的管理和利用方面，
这一短暂的休憩也被他充分利用上了。别的人在休息室闲来无事，
不知如何打发时间，而摩根却争分夺秒，抓紧时间步出码头，一面放
松身心一面观察世情，寻找可能利用的商业机会。

"皇天不负有心人。"就在摩根信步码头的时候，一位素昧平生
的白人从后边猛然拍了一下摩根的肩膀，神秘地说道："尊贵的先
生，请问您想买一些咖啡吗？"

摩根下意识地感觉到发财的机会出现了，马上回应道："有多少？"

"足够。"那陌生人幽默而机智地答道。

"什么价钱？"摩根问道。

陌生人仔细打量了一下摩根，"如果你全部买下，我可以半价卖给你。"

"那当然。"摩根不假思索，脱口而出。

经过详细了解，摩根得知，原来这个人是一艘巴西货船的船长，正在为一位美国商人运来一船咖啡。可是，当咖啡运到码头的时候，那位收货的美国商人却破产了，根本无法支付货款，他只好就地贱卖抛售。

"尊贵的摩根先生，如果您真的有诚意全部购买，我情愿只收半价，绝无戏言。"船长再一次强调。

"为什么？"摩根机警地反问。

"因为等于您帮了我一个大忙嘛。"

"此话可当真？"

"当真！但是我有一个条件，就是必须是现金交易。"

摩根仔细查看了白种人船长拿出来的样品，觉得咖啡的成色还不错，估计市场潜力很大，于是当即果断地决定全部买下。

回到美国后，摩根马不停蹄，拿着咖啡样品，到当地所有与邓肯商行有联系的客户那儿去推销。

那些经验丰富的公司职员都劝摩根："年轻人，做事还是谨慎一点为好。虽然这些咖啡的价钱让人心动，但是，谁敢保证船舱内所有的咖啡都同样品完全一样呢？更何况以前发生过多次船员欺骗买主的事啊！"

但摩根坚信自己的判断没错。

此时的摩根热情高涨，马不停蹄地给纽约的邓肯商行发去电报，把这笔生意的情况告诉他们。喜形于色的摩根等来的却是当头棒喝——邓肯商行对摩根的举措严加指责:"第一,绝对不许擅用公司名义作未经审批的事情!第二,务必立即撤销所有交易,不得有误!"

热血沸腾的摩根顿时心都凉透了。但是,从小就争强好胜的摩根面对邓肯商行的坚决反对并没有丝毫的畏惧退缩。他相信自己的直觉判断绝对没错,认定这是一笔极为有利可图的大宗买卖。但是,没有了商行的支持,摩根不得不硬着头皮向远在伦敦的父亲吉诺斯求援。在父亲吉诺斯的支持下,摩根一不做二不休,索性放开手脚大干一场,把码头上其他几条船上的咖啡也以很便宜的价格全部买了下来,耐心等待抛售机会。动作之快,气魄之大,令人叹为观止。许多熟悉摩根的人都为他捏了一把汗!

没过多久,摩根就等来了很好的抛售机会。巴西的咖啡产量因为受到寒潮侵袭骤然暴减,市场上居然出现了断货的情形。此时咖啡的价格一下子暴涨了好几倍!结果,敢于冒险的摩根大赚特赚,几乎乐得嘴巴都合不拢了。

此后,摩根便创办了自己的公司,并进行了一次又一次大胆的投资,并且几乎每次都是大获其利,最终成为左右美国经济达半世纪之久的金融巨擘!

摩根这种果敢的作风启示人们:当机会到来时,切不可优柔寡断,左顾右盼,一定要当机立断地行动起来。

"不愿意冒险是最大的风险,而不敢于行动是最大的懦弱。"机遇总是藏匿于风险之中,而行动总是实现梦想的前提。一个人若想创出一番大事业,获得真正意义上的成功,就不能只有幻想,只有等待,而必须行动、拼搏、奋进。只要你看准了,就大胆去干吧。

第七章

放开手也可以前进

玩过"单车脱手"的把戏的人会发现，放开手也可以前进，因为我们每个人的潜能都是无限的，我们只发挥了自己的一小部分潜能，仍有巨大的潜能等待着我们去开发，我们要相信自己是优秀的。

1.自信给你成功的人生

世界著名成功学之父戴尔·卡内基曾经说过："一个年轻人,如果从来不肯竭尽全力应对所有事情,如果没有坚强不屈的意志,如果没有真诚热忱的态度,如果不施展自己的能力,如果不振作自己的精神,那么他绝不会有什么大成就。"伟人之所以能够成功,就在于他们相信自己的能力,要求自己一定要超越他人、战胜他人,从而自强不息、奋斗不止、坚韧不拔。只有非常的自信,才能成就非常的事业。对事业充满自信而决不屈服,便永远没有所谓的失败。

英国历史上曾经有过这样一件事:杜邦将军未能攻下克切斯城,他在法拉格特将军面前极力为自己开脱。法拉格特将军听完后只说了一句话:"一个重要的原因你没有讲到,那就是你一开始就不相信自己能打败敌人。"

许多事情往往都是如此,如果你开始时就不相信自己能够成功,那么你绝不会成功。明白了这个道理,再依靠自己的努力,才能在某一方面成为杰出的人物。

有一个法国人,正值不惑之年,在这个年纪本应该事业有成,但是他却恰恰相反,一事无成。家人对他失望极了,久而久之,就连他自己也认为自己失败至极。

离婚、破产、失业……一连串的打击，使他觉得人生已经失去了价值和意义。由于对生活不满，他变得越来越古怪、易怒，同时也十分脆弱，经不起任何打击。

有一天，他失魂落魄地在大街上走着，一位吉普赛人正在街边摆摊算命。

"先生，算一卦吧！"吉普赛人说。

没有什么重要的事，权当是一种娱乐，于是他坐了下来。

看过手相后，吉普赛人对他说："天哪，真没有想到，你是一个伟人，真了不起！"

"什么？请不要拿我开玩笑，我可不是什么伟人。"

"你知道你是谁吗？"

"我是谁？"他无奈地笑了笑，"我是一个名副其实的倒霉鬼、穷光蛋和被社会抛弃的人！"

吉普赛人笑着摇了摇头，说："先生，你错了，你是拿破仑转世，你身体里流淌着拿破仑的勇气和智慧。你就一点也没有发觉，自己长得与拿破仑非常像吗？"

听了吉普赛人的话，他半信半疑："不会吧，离婚、破产、失业全部都找上我了，不仅如此，我还无家可归，这样看来，我怎么会是拿破仑转世？"

"刚才你说的只能算是过去，你的未来可了不得，如果你不相信我说的话，五年之后再来找我，到那时，你可是全法国最成功的人。"

这个落魄的法国人带着怀疑离开了，他虽然表面上对吉普赛人的此番言论很不以为然，但是不能否认，他内心有一股前所未有的美妙感觉。在这之前，他根本没有时间静下心来钻研拿破仑的生平，但这一次，他对拿破仑产生了极大的兴趣。

回到家后，他并没有像往常那样，面对满室疮痍唏嘘不已，而是想尽办法寻找和拿破仑有关的著作来学习。

时间长了，他发现，周围的人对他的态度变了，他们都在用一种全新的眼光来看待他，他的事业也越来越顺利。

直到这时，他才领悟到，其实周围一切都没有改变，唯一改变的只是他自己。经过一番仔细观察，他发现自己的气质、思维模式都在不自觉地模仿着拿破仑，就连走路，也颇有一点拿破仑的架势。

过了13年，在这个人55岁的时候，他成为了亿万富翁，法国一位著名的成功商人。

如果想让周围的人相信你，想要承担大任的话，首先应该相信自己。自信是成功的第一秘诀。

拥有了自信，再平凡的人也会做出惊天动地的事情来。这样说，并不是说拥有自信的人就一定会成功，而是因为拥有自信的人生活得往往都很精彩，他们通过自己的努力，让不可能变为可能，成为生命奇迹的创造者。

1987年，麦格雷戈放弃了衣食无忧的"顾问"职位，去试着实现他的一个"梦想"。他原来的公司是在机场和饭店向出差的企业人员出租折叠式移动电话的，但不能提供有详细记载的计费单，而没有这种"账单"，一些公司就以没有依据为由不给雇员报销电话费。所以急需在电话内装一种电脑微电路，以便记录每次通话的地址、时间和费用。

麦格雷戈知道自己的设想一定行得通，在家人的大力支持下，他开始物色投资者并着手试验，但这项雄心勃勃的行动进行起来并不顺利。

1990年3月的一个星期五,麦格雷戈全家几乎面临绝境。一位法庭人员找上门,通知他们如果下星期一还交不上房租,他们就只有去蹲大街了。

麦格雷戈在绝望之中把整个周末都用来联系投资者,功夫不负有心人,星期天晚上11点,终于有人许诺送一张支票来。

麦格雷戈用这笔钱付了账单,并雇用了一名顾问工程师。但是忙碌了几个月之后,工程师说麦格雷戈设想的这种装置简直是"不可能"!

到了1991年5月,麦格雷戈重新陷入困境,他只好打电话给贝索思——一家著名的电讯公司,一位高级主管在电话里问他:"你能在6月24日前拿出样品吗?"

麦格雷戈脑中不由想起工程师的话和工作台上试验失败后扔得到处都是的工具,他强迫自己镇定下来,用尽量自信的声音说:"肯定行!"

他马上给大儿子格里格打去电话——他正在大学读电脑专业,告诉他自己所面临的严峻挑战。

格里格开始通宵达旦地为父亲设计曾使许多专家都束手无策的自动化电路。在父子二人的共同努力下,样品终于设计出来了。6月23日,麦格雷戈和格里格带着他们的样品乘飞机到亚特兰大接受检验,并一举获得成功。

现在,麦格雷戈的特里麦克移动电话公司已是一家资产达数千万美元、在该行业居领先地位的企业。

任何时候,都不要轻易动摇信心。只要是你所向往的,如果你想实现你的目标,即使是你未曾接触过的领域,也一定要从心里建立起自信,相信自己有资格、有能力取得成功。否定自己的人常常走向失败之途;而充满信心的人,则常常踏上成功之路。

2.你比想象的更优秀

你认为自己有多重要,你就能取得多高的成就。除非你愿意,否则没有人能改变你对任何事的信心。

1796年的一天,德国哥廷根大学,一个19岁的很有数学天赋的青年吃完晚饭,开始做导师单独布置给他的每天例行的三道数学题。

像往常一样,前两道题目在两个小时内顺利地完成了,第三道题写在一张小纸条上,是要求只用圆规和一把没有刻度的直尺画出正17边形。青年做着做着,感到越来越吃力。开始,他还想,也许导师见我每天的题目都做得很顺利,这次是特意给我增加难度吧。但是,时间一分一秒地过去了,第三道题竟毫无进展。青年绞尽脑汁也想不出现有的数学知识对解开这道题有什么帮助。

困难激起了青年的斗志:"我一定要把它做出来!"他拿起圆规和直尺,在纸上画着,尝试着用一些超常规的思路去寻求答案。

终于,当窗口露出一丝曙光时,青年长舒了一口气,他终于解出了这道难题!

见到导师时,青年感到有些内疚和自责。他对导师说:"您给我布置的第三道题我做了整整一个通宵,我辜负了您对我的栽培……"

导师接过青年的作业一看,当即惊呆了。他用颤抖的声音对青年说:"这真是你自己做出来的?"青年有些疑惑地看着激动不已的导师,回答道:"当然,但是,我很笨,竟然花了整整一个通宵才做出来。"导师请青年坐下,取出圆规和直尺,在书桌上铺开纸,叫青年当着他的面画一个正17边形。

青年很快地画出了一个正17边形。导师激动对青年说:"你知不知道,你解开了一道有两千多年历史的数学悬案?阿基米德没有解出来,牛顿也没有解出来,你竟然一个晚上就解出来了!你真是个天才!"

原来,导师也想解决这道难题,但总是找不到方法,只好让学生们试试,没想到有人居然解了出来。这位青年便是"数学王子"高斯。高斯除了具有数学天赋之外,还有很强的自信心。他认为自己能把那道题做出来,结果就真的把那道题做出来了。

我们总会面临各种挑战和难题。有的问题之所以难以解决,并不是这个问题有难度,而是因为我们不相信自己更为优秀并有能力解决它。当面临挫折、困难和挑战时,我们要迎难而上,不能低估自己的能力。

美国有个叫肯尼的著名摄影师,他出生的时候,只有一半身体是健康的。一岁半时,他已经做了两次手术,但腰部以下的神经依旧无法恢复,连坐都成了问题。

医生对肯尼的母亲说,凡事尽量让他用意志力和能力去坚持做,这样便能让肯尼学着独立地生活。母亲听从了医生的建议,总是鼓励着肯尼去尝试——无论穿衣服还是抓东西。几个月后，肯尼竟然奇迹般地坐了起来。

后来，肯尼学会用双手支撑着身体走路。他在家里的楼梯上、房间的木板墙上，钉了许许多多的把手，用以作为支撑自己的着力点。

肯尼上学时，每天都背负着6公斤的假肢和一截假胴体，这使他浑身疲惫，苦不堪言。但在老师和同学们的帮助下，他变得更加自信，相信自己能克服一切困难。

后来，肯尼喜欢上了摄影，经常在闲暇时间带上相机去记录身边的风景。长大后，肯尼成了一名优秀的摄影师，成为了一名成功人士。他对记者说："我在生活中没有困难，遇到困难就和大家一样，找出解决方法。"他总是那么自信、乐观，困难于他是再平常不过的了。

这样乐观自信的人，就好像暖暖的阳光，照在哪里都会有人喜欢。肯尼的邻居乔安说："我们喜欢肯尼，因为有了他，我们增加了战胜困难的勇气，我们要像肯尼那样，对生活充满自信！"肯尼的自信、乐观和勇气不仅成就了自己，也激励了身边的人。

在平凡的生活中做出不平凡的事情的人，往往都是那些坚信自己的人，他们知道自己有多么重要。相反，那些胆怯、意志不坚的人，即使才华横溢、天赋异禀，也往往难以取得很大的成就。自信是人们从事任何事业时最强大的精神支柱，拥有自信心，会最大限度地降低难度，克服重重阻碍，获得成功。

3.面对质疑,自己的路要自己走

当你对别人说你想做个亿万富翁的时候,恐怕绝大多数人都会觉得你只是说说而已。那些关心你的人会劝你现实点,不要给自己增加烦恼,那些轻视你的人则会嘲笑你,说你是异想天开。

此时,你会怎么办呢?是对他们的看法置之不理,还是"虚心"听取呢?希望你能从下面这个故事中得到启示:

1900年7月,在浩渺无边的大西洋上,狂风怒吼,巨浪滔天。暴风雨中,一叶小舟一会儿冲上浪尖,一会儿跌入波谷,狂风巨浪似乎要将它撕个粉碎。驾驶这叶小舟的金发碧眼的年轻人是一位德国的医学博士,名叫林德曼。为什么他要孤身一人进行这危险的航行?尤其还是在这样恶劣的天气下?

林德曼在德国从事的是精神病学研究,出于对这份职业的执著,他正在以自己的生命为代价,进行着一项亘古未有的心理学实验。

林德曼在医疗实践中发现,许多人之所以成为精神病患者,主要是因为他们感情脆弱,缺乏坚强的意志,心理承受能力差,经受不住失败和困难的考验,关键时刻失去了对自己的信心。林德曼认为:一个人保持身心健康的关键,是要永远自信!

当时,德国举国上下正在掀起一场独舟横渡大西洋的探险热潮,全国先后有100多位勇士驾舟横渡大西洋,但无一生还。消息传来,舆论界一片哗然,认为这项活动纯属"送死",它超过了人体承受能力的极限,是极其残酷的"自杀"行为。

林德曼却不这么认为。经过对那些勇士遇难情况的认真分析,他认为这些遇难的人首先不是从肉体上败下阵来的,而是主要死于精神上的崩溃,死于恐惧和绝望。

林德曼的观点遭到了舆论的质疑:探险勇士难道还不够自信?为了验证自己的观点,林德曼不顾亲人和朋友的坚决反对,决定亲自做一次横渡大西洋的试验。

在航行中,林德曼遇到了许多难以想象的困难。在漫漫的航程中,孤独、寂寞、疾病、体力的消耗、精力的消耗,都在销蚀着他的意志。特别是在航行最后的18天中,遇上了强大的季风,小船的杆折断了,船舷被海浪打裂了,船舱进水了。林德曼必须把舵把紧紧地捆在腰上,腾出手来拼命地往外舀船舱里的水。

在和滔天巨浪搏斗的整整三天三夜里,他没有吃一粒米,没有合一下眼。那场面真是惊心动魄,九死一生。很多次他感到坚持不住了,感到自己快不行了,有时眼前甚至出现了幻觉,但每当他准备放弃的时候,他就狠狠地掐自己的胳膊,直到感觉到疼痛,然后激励自己:"林德曼,你不是懦夫,你不会葬身大海,你一定会成功的!再坚持一天,就能到达胜利的彼岸。"

"我一定会成功!"林德曼在心中反复地呼喊着这几个字。生的希望支持着林德曼,最后他终于成功了。

"100多人都失败了,我为什么能成功呢?"他说,"因为我一直相信自己一定能成功。即使在最困难的时候,我也以此自励!这个信念已经和我身体的每一个细胞融为一体了。"

林德曼的故事告诉我们,不管面对什么样的质疑,不论在什么样的困境中,唯一能拯救你的是你自己,是你自己的信心;唯一能打垮你的也是你自己和你的不自信。

肯定自己是自信、勇敢的表现,它能够让我们发现自身价值并激发自身潜能,是改变人生道路的前提。只有敢于肯定自己、正视自己、提升自己的人,才有可能成为强者,做出一番成绩,进而让别人重视自己。所以,别被别人的质疑击败。

法国皇帝拿破仑小时候家里很穷,他的父亲借钱把他送到柏林的一所贵族学校去读书。

由于家庭贫困的原因,在学校里拿破仑经常被人欺负。久而久之,拿破仑也开始相信同学们嘲讽他时所说的话了。他心想:"同学们说得没错,我怎么可能成功呢?"

于是,拿破仑开始忍气吞声,在学校里"混日子"。后来,他实在忍不下去了,便写了一封信给父亲,说自己不适合上学,让父亲接他回家。父亲在回信中说:"我们穷是事实,但是你必须坚持在那里继续读下去。你不要太自卑,等你成功了,一切都会随之改变。"

慢慢地,在父亲的鼓励下,拿破仑终于不再自卑。他不再将同学们的侮辱和耻笑放在心上,而是静下心来读书。5年里,他受尽了同学们的欺负,但每一次都会使他的志气增长一分。后来,拿破仑进了军队,开始时只是一名少尉。在军队中,由于体格羸弱,他处处受人轻视,上司和同伴们都瞧不起他。但他并没有一蹶不振,而是利用他人玩乐的时间努力读书,希望在知识上胜过他们!

拿破仑只专心读那些能使他有所成就的书,而不读那些平凡无用的消遣书。在自己那间闷热狭小的屋子里,拿破仑苦学好几年,仅仅是摘抄的名言警句就达到了4000多页。看着这些书,他不再惧怕孤独。此外,拿破仑还常常喜欢把自己当成前线作战的总司令,运用所学的地理知识和数学知识来"指挥"作战。

渐渐地,拿破仑开始得到长官的青睐,逐渐得到很多实战锻炼的机会,最终成为了具有雄才伟略的法国皇帝。而当年那些瞧不起他的人,却都成了他的臣子。

拿破仑听从了父亲的话,战胜了自卑心理,最终用信心、努力改变了自己的人生。

拿破仑没有因为别人的质疑、轻视而否定自己,而是以此为跳板奋起,为什么你不可以如此呢?面对流言蜚语,如果处理得好了,它就不会是你前进的阻力,而是一种催人奋进的动力!

4 除了自己,没人能打败你

一个人在与他人的较量中常常失败的原因,并不是实力真的不如对方;失败的真正原因,是因为不自信,比赛还未开始就已经被自己打败。

美国职业拳击运动员穆罕默德·阿里,享有"拳王"之美誉。20世纪80年代初,他告别了拳坛。一年后,40岁的阿里被确诊患帕金森氏症,并出现了一定程度上的语言和行动上的障碍。但是阿里并没有因此放弃自己,他凭借永不屈服的精神鼓励自己站了起来,并担当了联合国和平大使,他经常拖着病体前往战乱与冲突地区,倡导和解,呼吁和平。

阿里认为,一直支撑他取得胜利的是这样一句话:"我决不会失败,除非我确信自己已经失败了。"这也成为了他的人生信条。

因此,在阿里参加的无数次的拳击比赛中,他始终都坚持认为自己是最强大的,因为他懂得只要自己相信自己会胜利,那么,没有人会击败自己。其实,这种信念,在他12岁的时候已经形成。在阿里的自述中有这样一段:

我在对假想的对手练习拳击的时候总爱说:"我将成为最出色的拳击手。"直到现在,我自己的公司就叫G-O-A-T公司,意思是"最出色的"公司。我在12岁时就知道我将成为最出色的拳击手。

我并不孤独,很多同学都参加学校拳击训练,我们总是谈论谁成为下届拳击冠军。有一位教师认为我是个说大话的人。她看不起我们,好像很讨厌我们这些自信心十足的拳击手。她根本不相信我们的潜能。有一天我们正在走廊里比划着拳击姿势,她走过来,眼睛直盯着我说:"你永远不会有出息的。"

17岁的时候,我在路易斯维尔戴上了金手套。第二年,我在1960年罗马奥运会上夺得金牌。我成了全世界最出色的拳击手。回家后我做的第一件事情就是走进那位教师上课的教室。我问她:"还记得你说我永远不会有出息的话吗?"

她看着我,一副吃惊的样子。

"我是世界上最出色的拳击手。"我一边说一边抓着系着金牌的绸带在她面前晃动。"我是世界上最出色的拳击手。"说完就把金牌放进口袋,然后头也不回地走出那间教室。

其实，人生何尝不是如此呢？你的一生会出现无数个对手，他们会用各种方式向你挑战，但到了最后，能打败你的只有你自己。

在现实生活中，我们可能会遭遇到各种各样的挫折与困难，甚至是失败，但要想使自己不垮下去，首先要做的便是：先战胜自己。也许，有人会说，唯一避免犯错和失败的方法就是什么事情都不做。当然，有些错误与失败确实会造成非常严重的影响。然而，"失败乃成功之母"。没有失败，没有挫折，也就无法成就伟大的事业。因为，聪明的人会从失败中吸取教训、总结经验。而失败者一再失败，却不能从中获得任何教训，反而对自己越来越没有信心。

我们要想一直在通往成功的道路上前行，就要相信自己，永远不要被自己打败。

5.自信是潜能的催化剂

自信就像是催化剂，它能将人们体内的所有潜能激发出来，将其推进到最佳状态。

一个人的一生不可能是一帆风顺的，总会有这样或那样的打击，例如，事业上的不顺心，学习上的不如意等等，这些会使原本雄心壮志的我们，突然感觉到穷途末路。于是，一些人就开始觉得自己能力不足，处处不得志。

尤其是那些有自卑心理的人，此时会变得更加颓废和消沉。他们总是用别人的眼光来评论和挑剔自己，把自己限制在一个很低的境地,认为自己与世间那些美好的事物无缘,给自己设置一连串的"不可能",再没有任何挑战的勇气。

其实我们应该明白:人生在世,不如意之事常有八九。因此,不要总是怀疑自己的能力,用一颗平常心去看待,自信地追求未来,那么梦想同样能够实现。

一个年轻的美国人,穷困的时候连一件像样的衣服都没有。然而在他心中,始终有着一个做演员明星的坚定梦想。

当时,几乎所有人都觉得这个年轻人是在痴人说梦。好莱坞有那么多家电影公司,有那么多的优秀演员,谁又会看得上他呢?

当时,好莱坞共有500家电影公司,他逐一数过,并且不止一遍。后来,他又根据自己认真划定的路线与排列好的名单顺序,带着自己写好的量身定做的剧本前去拜访。第一遍下来,所有的500家电影公司没有一家愿意聘用他。

面对百分之百的拒绝,这位年轻人没有灰心,从最后一家被拒绝的电影公司出来之后,他又从第一家开始,继续他的第二轮拜访与自我推荐。

在第二轮的拜访中,500家电影公司依然拒绝了他。

第三轮的拜访结果仍是如此。这位年轻人咬牙开始他的第四轮拜访,当拜访完第349家后,第350家电影公司的老板破天荒地答应让他留下剧本先看一看。

几天后,年轻人获得通知,请他前去详细商谈。

就在这次商谈中,这家公司决定投资开拍这部电影,并请这位年轻人担任自己所写剧本中的男主角。

这部电影名叫《洛奇》。

这位年轻人的名字就叫席维斯·史泰龙。现在翻开电影史,这部叫《洛奇》的电影与这个日后红遍全世界的巨星皆榜上有名。

从这个故事中,我们可以看到:一个人只要有梦想,并不断地为这个梦想去努力,那么总有一天会成功。关键是要首先相信自己,进而去付诸行动。这样才能走向人生的巅峰。

从某种程度上来说,一个人的自信心和个人能力是相辅相成的,能力越强,就会对自己更有自信,在做事情时个人能力也会得到充分的体现。当然,自信不是自负,目空一切、妄自尊大的人不会取得成功的。

他出生在马里兰州,他的祖先来自于澳大利亚。他的父母是农民。在家里,他排行老三。

因为家境不好,父母很早就打算让他辍学,但遭到了他的两个姐姐的强烈反对。在他的记忆中,那次两个姐姐和父亲吵得很厉害,大姐甚至一度提出让自己来资助弟弟读书,但最终仍没有得到父亲的同意。

虽然吃的是咸菜白饭,但是6岁时,他的身高已经达到四英尺三英寸,这让他感到很烦恼。细心的姐姐发现了这一变化,认为他将是罕见的游泳天才。于是她想方设法弄来一些游泳方面的杂志给他看,并利用闲暇时间给他讲解相关知识。在姐姐的影响下,他对游泳变得近乎痴迷起来。

当他把要立志做一名游泳运动员的想法告诉父亲时,却遭到父亲的强烈反对。原因是他的两个姐姐已经是游泳运动员了,巨大的开销早就让这个贫困的家庭感受到前所未有的压力,在经济低迷的时候,父亲不得不靠卖血来维持家用。父亲当场就给了他一巴掌,冷笑着说:"你这个傻瓜,你知道白痴是怎么出来的吗?就是像你这样想出来的!游泳?你以为人人都是天才,别做梦了!"

然而他并不甘心做一个碌碌无为的人。在姐姐的指导下,他总能轻松学会别的少年难以掌握的技巧,他11岁那年,姐姐把他推荐给鲍曼教练。

鲍曼看了他在水池里杰出的表现后,迫不及待地赶到他的家里,对他的父母说:"你的儿子天赋极佳,他的潜力是无限的,让他跟我吧。"同样的话语,父亲听过很多次了。这一年,父亲成了一名警察,母亲也当了老师。因为经济条件的改善,父亲没再拒绝教练的请求。

经过坚持不懈的努力,他终于将自己的理想变成了现实。2001年,他打破了200米蝶泳世界纪录,成为最年轻的世界纪录保持者,并赢得了"神童"的美誉。2003年,他接连5次打破世界纪录,被评为年度"世界最佳男子游泳运动员"。2007年,在墨尔本世锦赛上,他更是独揽7金,被人称为世界泳坛上的"一哥"。

2008年8月10日,在北京奥运会的比赛中,他轻松获得男子400米混合泳的冠军,并再次打破这个比赛的世界纪录。

他就是菲尔普斯。2008年,他带着一家人开始了环球旅行,最后一站就是长城。想起童年的往事,他感慨万千。他站在城墙上对父亲说:"亲爱的爸爸,还记得小时候你经常嘲笑我不要痴人说梦,但你的儿子很争气,不但成了世界冠军,也实现了当时立下的环球旅行的誓言。"父亲紧紧地拥抱着他,热泪盈眶。

菲尔普斯的故事告诉我们,只要有梦想就应当充满自信地为之奋斗,进而去实现它。

拿破仑·希尔曾经说过这样的话:"心存疑虑,就会失败;相信胜利,必定成功。相信自己能移山的人,会成就事业,认为自己无能的人,一辈子一事无成。"

自信可以克服万难,只要相信自己就不怕事情做不成;自信可以让自己从内心真正地喜欢自己、欣赏自己,让自己活得自在;自信创造奇迹!在实现梦想的道路上,只有保持自信我们才能走得更远。

6.坚守自己必胜的信念

坚定的自信心可以使平凡人也能做出惊天动地的事情来。假如在还没有做一件事情之前,就在心里暗暗对自己说"我不行",那么面对不太理想的客观环境很可能就会败下阵来。假如你是一个对自己充满自信的人,并把这种自信作为一种精神支柱,那么在这种决心和信心之下,你会更加坚定自己的目标并为之付出努力,最后才能取得成功。当然,并不是说只要拥有自信的人就都会获得成功,但自信是一个前提,是走向成功的动力,它会使许多"不可能"的事情变成"可能"。

一位名叫希瓦勒的乡村邮递员,每天徒步奔走在各个村庄之间。有一天,他在崎岖的山路上被一块石头绊倒了。

他发现,绊倒他的那块石头样子十分奇特。他拾起那块石头,左看右看,都有些爱不释手了。

于是,他把那块石头放进自己的邮包里。村子里的人看到他的邮包里除了信件之外,还有一块很沉的石头,都感到很奇怪,便好意劝他:"把它扔了吧,你还要走那么多路,这可是一个不小的负担。"

他取出那块石头, 炫耀地说:"你们看, 有谁见过这样美丽的石头?"

人们都笑了:"这样的石头山上到处都是,够你捡一辈子。"

回到家里,他突然产生了一个念头:如果用这些美丽的石头建造一座城堡,那将是多么美丽啊!

于是,他每天都会在送信的途中找几块好看的石头,不久,他便收集了一大堆。但离建造城堡所需的数量还远远不够。

于是,他开始推着独轮车送信,只要发现中意的石头,就会装上独轮车。

此后,他再也没有过上一天安闲的日子,白天他是一个邮差和一个运输石头的苦力,晚上他又是一个建筑师。他按照自己天马行空的想象来构建自己的城堡。

所有的人都感到不可思议,认为他的脑子出了问题。

二十多年以后,在他偏僻的住处,出现了许多错落有致的城堡,有清真寺式的、有印度神教式的、有基督教式的……当地人都知道有这样一个性格偏执、沉默不语的邮差,在干一些如同小孩建筑沙堡的游戏的事情。

1905年,法国一家报社的记者偶然发现了这些城堡,这里的风景和城堡的建造格局令他惊叹不已。为此,他写了一篇介绍希瓦勒的文章。文章刊出后,希瓦勒迅速成为新闻人物。许多人慕名前来参观,连当时最有声望的大师级人物毕加索也专程参观了他的建筑。

人生 就像
自 行 车

现在,这个城堡已成为法国最著名的风景旅游点,它的名字就叫作"邮递员希瓦勒之理想宫"。

在城堡的石块上,希瓦勒当年刻下的一些话还清晰可见,有一句就刻在入口处的一块石头上:"我想知道一块有了愿望的石头能走多远。"

据说,这就是那块当年绊倒希瓦勒的石头。

希瓦勒最后之所以会成功,就是因为他坚定了自己的信心,对自己的未来充满了希望,并为之不断努力。信心与决心一直激励着他不断朝着自己的目标一步步迈进。有了愿望的石头就好比人们内心的必胜信念,会驱使人们创造美好的生活。在有了必胜的信念之后,所有的困难都不值一提。

曾经有人打过这样的比喻:人生就像是打一副牌,发给你什么样的牌是上帝决定的,而怎么打手里的牌则是由你自己决定的。要打好人生这副牌,我们就必须有坚定的信念。相信生命的奇迹,相信自己的能力,脚踏实地,沉着冷静,不管自己的人生遇到怎样的阻击,始终不怨天尤人,也不轻言放弃。

有一个美国女孩,在她小时候因一次意外,眼睛受了重伤,最终导致双目失明,但庆幸的是通过手术,她还能通过左眼角的小缝隙来看这个世界。她没有因此而悲观,不仅接受了现在的自己,而且更加坚定了活下去,而且要活得更好的信念。

她很喜欢和小朋友们一起玩"跳房子"的游戏,为解决眼睛看不到记号的问题,只有努力把每个角落都记在脑子里,然后快乐得像个正常人一样。凭借着一股韧劲,她曾到一个乡村里教书,在教书之余,她还在妇女俱乐部做演讲,到电视台做谈话节目。双眼的缺陷并没有影响她的人生,相反,她以积极乐观的态度、努力奋斗的毅力获得了明尼苏达大学的文学学士及哥伦比亚大学的文学硕士学位。

她所著的自传体小说《我想看》在美国轰动一时,成为畅销书,激励了无数人的斗志。她就是波基尔多·连尔教授,她曾这样说:"其实在内心深处,我对变成全盲始终有着一种不能言语的恐惧感,但我也深知,这种恐惧不会给我带来一点益处,我只有以一种乐观的心态去面对这一切,激励自己,才能最大限度地改变现状。"

也正是她这种乐观的心态,不仅成就了她辉煌的人生,也使她在52岁时,经过两次手术,获得了高于以前40倍的视力,又一次看到美丽绚烂的世界。

同样的困境,同样的际遇与磨难,有些人可能会很快垮掉,有些人却能站起来,有的人早早就屈服于困难和苦痛,而有的人则奋起抗争,展开了与困难的搏斗与斗争。这时,自信的高度便改变了人生的轨迹。成功者之所以成功,是因为他们总是以积极的信念支配自己的人生,战胜自己的缺陷,而失败者却恰恰相反。

有了决心与信心,你就有了成功的机会。勇敢地走出去,去努力,去奋斗,一步步实现自己的人生目标。

7.沙漠里也能找到星星

一个人如果心态积极,自信乐观地面对人生,接受挑战,那他就成功了一半。

其实,从根本上说,人与人之间的差别很小,但就是这种很小的差别却往往造成了人与人之间的巨大差异。这种很小的差别就是人的心态,而巨大的差异就是他的人生轨迹。

下面的这个故事,相信会对你有所启发。

塞尔玛是一个普通的随军家属,一次,她陪伴丈夫驻扎在沙漠的一个陆军基地里。

丈夫奉命到沙漠里去演习,她一个人留在陆军的小铁皮房子里。大气热得受不了——即使在仙人掌的阴影下也有50多度。她没有人可以聊天——身边只有墨西哥人和印第安人,而他们不会说英语。她非常难过,于是就写信给父母,说要丢开一切回家去。不久,她收到了父亲的回信。信中只有短短的一句话:"两个人从牢房的铁窗望出去,一个看到泥土,一个却看到了星星。"

读了父亲的来信,塞尔玛觉得非常惭愧,她决定在沙漠中寻找"星星"。塞尔玛开始和当地人交朋友,她对他们的纺织、陶器很感兴趣,他们就把自己最喜欢的纺织品和陶器送给她。她研究那些引人入迷的仙人掌和各种沙漠植物,观看沙漠日落,还研究海螺壳,这些海螺壳是几万年前当沙漠还是海洋时留下的……

原来难以忍受的环境变成了令人兴奋、令人流连忘返的奇境。塞尔玛为自己的发现兴奋不已，并为之写了一本书，以《快乐的城堡》命名出版了。

是什么使塞尔玛的内心发生了这么大的改变呢？沙漠没有改变，印第安人也没有改变，改变的只是她的心态，一念之差，使她把原先认为恶劣的情况变为了一生中最快乐、最有意义的经历，她也终于找到了属于自己的"星星"。

正如戴高乐所说："困难吸引坚强的人。因为人们只有在拥抱困难并克服困难时，才会真正认识自己。"也许，你应该问问自己：我自己努力过吗？对于所遭遇的困难，我愿意努力去尝试，并且相信自己吗？其实，只试一次是绝对不够的，需要多次的尝试。那样我们才会发现自己心中蕴藏着巨大的能量。

一次，有一个叫杰克的男孩在报上看到一则招聘启事，正好是适合他的工作。第二天早上，当他准时前往应征地点时，发现有很多人前来应聘，在他之前已经排了20个男孩。

如果换成另一个不自信的人，可能会因此而打退堂鼓。但是这个小伙子却完全不一样。他认为自己应该就是这家公司所要找的那个人。于是，他从包里拿出一张纸，在纸上写了几行字，走到负责招聘的女秘书面前，很有礼貌地说："小姐，麻烦你把这张纸交给老板，这件事很重要。谢谢你了！"

他看起来神情愉悦，文质彬彬，有一股很强的吸引力，令人难以忘记。因此，他给这位秘书留下了很深刻的印象。所以，她将这张纸交给了老板。

人生 就像
自 行 车

　　老板打开纸条，看到上面是这样写的："先生，您好。我是排在第21号的男孩。请您不要在见到我之前做出任何决定。"

　　你觉得他最终得到这份工作了吗？答案当然是肯定的。

　　其实，人在一生中会遇到很多类似的问题。当遇到问题时，如果能够有自信，并且认真地进行思考，就会很容易找到解决的办法。在遇到困难时，应该把自己当成强者，把困难当作机遇，在心里把自己当成冠军。

　　遗传进化学家菲尔德说："在整个世界史中，没有任何其他的人会跟你完全一样。不论是以前，现在，还是未来，都不会有像你一样的另一个人。"

　　伊尔文·本·库柏是一名法官，他深受美国人的尊敬。但是小时候的库柏是一个非常自卑的人。

　　库柏在密苏里州圣约瑟夫城一个贫民窟里长大。他的父亲是一个裁缝，收入微薄。为了家里取暖，库柏常常掌着一个煤桶，到附近的铁路上去拾煤块。库柏为必须这样做而感到困窘。他常常从后街溜出溜进，以免被放学的孩子们看见。

　　但是，那些孩子时常看见他。特别是有一伙孩子常埋伏在库柏从铁路回家的路上，袭击他，以此取乐。他们常把他的煤渣撒得满街都是，使他回家时一路流着眼泪。这样，库柏总是生活在或多或少的恐惧和自卑中。

　　后来，库柏读了一本书，内心因此受到了鼓舞，从而在生活中采取了积极的行动。这本书是荷拉修·阿尔杰著的《罗伯特的奋斗》。

　　在这本书里，库柏读到了一个像他那样的少年奋斗的故事。那个少年遭遇了巨大的不幸，但是他以勇气和力量战胜了这些不幸，库柏也希望具有这种勇气和力量。

库柏读了他所能借到的每一本荷拉修的书。整个冬天他都坐在寒冷的厨房里阅读有关勇敢和成功的故事，不知不觉地汲取了勇气的力量。

在库柏读了第一本荷拉修的书之后几个月，他又到铁路上去捡煤块。隔开一段距离，他看见三个人影在一个房子的后面飞奔。他下意识地想转身就跑，但很快他记起了他所钦佩的书中主人公的勇敢精神，于是他把煤桶握得更紧，向前大步走去，犹如他是荷拉修书中的一个英雄。

这是一场恶战。三个男孩一起冲向库柏。库柏丢开铁桶，奋力抵抗，最终那三个男孩落荒而逃。

直到那时库柏才知道他的鼻子在流血，他的周身由于受到拳打脚踢，已变得青一块紫一块了。但这是值得的啊！在库柏的一生中，这一天是一个重大的日子，因为那时他克服了恐惧。

库柏给自己定下了一种身份。当他在街上痛打那三个恃强凌弱者的时候，他并不是作为受惊骇的、营养不良的库柏在战斗，而是作为荷拉修书中的人物罗伯特卡佛代尔那样的大胆而勇敢的英雄在战斗。他要改变他的世界，他后来也的确是这样做的。

一个人如果把自己视为一个成功的形象，相信自己，把一切困难视为机遇，这种心态或信念有助于打破自我怀疑的习惯，从而帮助自己改变世界，取得成功。

第八章

一路上总有顺风和逆风

一路上总有顺风和逆风。请不要轻易述说生活的"狼狈",学会面对现实,不要轻易向世界妥协,它让你哭,你要在坚持中让自己笑。

1.失败是机遇,也是挑战

从每一次失败中,我们可以了解自身存在的不足。如果换一个角度来看待失败,那么你会发现每一次的失败都是一个超越自我的契机。

日本企业家本田先生说:"很多人都梦想成功,但实际上,为了实现成功的梦想,是需要付出失败的代价的,只有经过多次的失败和反思,才能获得成功。"

有一天,森林之王狮子来到天神面前说:"我很感谢您赐给我如此强健的体格、强大的力气,让我有能力统治整个森林。"天神听了,微笑着问:"这不是你今天来找我的目的吧?看起来你似乎为了某些事而困扰呢!"狮子轻轻吼了一声,说:"天神真是了解我啊!我今天来的确是有事相求,因为尽管我的能力再好,但每天清晨,我总是会被鸡鸣声给叫醒。神啊!祈求您再赐给我一种能力,让我不再被鸡鸣给叫醒吧!"

天神笑道:"你去找大象吧,它会给你一个满意的答复。"狮子兴冲冲地跑到湖边找大象,还没见到大象,就听到大象跺脚所发出来的"砰砰"声。狮子跑上去问大象:"你干嘛发这么大的脾气?"大象拼命摇晃着大耳朵,吼着:"有只讨厌的小蚊子总想钻进我的耳朵里,害我都快痒死了。"

狮子离开了大象,暗自想着:"原来体型这么大的大象,还会怕那么小的蚊子,那我有什么好抱怨的呢?毕竟鸡鸣也不过一天一次,而蚊子却是无时无刻不骚扰着大象呢。这样想来,我可比他幸运多了。"狮子回头看着仍在跺脚的大象,心想:"天神要我来找大象,应该就是想要告诉我,谁都会遇上麻烦事,而他无法帮助所有人。既然如此,那我只有靠自己了!反正以后只要鸡鸣时,我就当作是鸡在提醒我该起床了,如此一来,鸡鸣声对我还是有益处啊!"

　　狮子的故事告诉我们,每个困境都有其存在的价值。在做事的过程中,我们应该借鉴一下狮子的思维。鸡鸣声虽然令狮子感到十分困扰,但换个角度看,鸡鸣声也是一种鞭策它的力量,可以提醒狮子每天勤奋早起。其实失败对于人,就像鸡鸣声对于狮子一样。失败会让人尝尽苦头,遭受打击,但也可以使人成长。因此,我们要让失败变成一种对自己的考验,学会在失败中抓住机会。在失败之后,我们会失去一些东西,但同时,我们眼前也可能出现一片更广阔的天地,我们得到的也许会比失去的还要多。

　　无论是谁,做着什么样的工作,都是在失败中成长起来的。一个人经历的失败越多,进步就越大,这是因为他能从中学到许多经验。美国考皮尔公司的前总裁比伦曾说:"若你不曾失败过,那么你就没有勇于尝试抓住各种应该把握的机会。"

　　大家都知道小泽征尔先生,他是全日本足以向世界夸耀的国际大音乐家、名指挥家。

　　他之所以能够有今天名指挥家的地位,乃是参加贝桑松音乐节的"国际指挥比赛"带来的。在这之前,他名不见经传。

　　他决心参加贝桑松的音乐比赛,来个一鸣惊人,克服了重重困难之后,他终于充满信心地来到欧洲。但一到当地后,就有莫大的难关在等着他。他到达欧洲之后,首先要办理参加音乐比赛的手续,但不知为什么,证件竟然不够齐全,不为音乐节执行委员会正式受理,这么一来,他就无法参加期待已久的音乐节了!但他不打算放弃,还尽全力积极争取。

首先,他来到日本大使馆,说明事情的原委,请求帮助。可是,日本大使馆无法解决这个问题,正在束手无策时,他突然想起朋友过去告诉他的事。"对了!美国大使馆有音乐部,凡是喜欢音乐的人,都可以参加。"他立刻赶到美国大使馆。这里的负责人是位女性,名为卡莎夫人,她曾在纽约的某乐团担任小提琴手。他将事情的本末向她说明,拼命拜托对方想办法让他参加音乐比赛,但她面有难色地表示:"虽然我也是音乐家出身,但美国大使馆不得越权干预音乐节的问题。"

但他仍执拗地恳求她。卡莎夫人思考了一会儿,问了他一个问题:"你是个优秀的音乐家吗?或者是个不怎么优秀的音乐家?"他毫不犹豫地回答:"当然,我自认是个优秀的音乐家,我是说将来可能……"他这几句充满自信的话,让卡莎夫人立时把手伸向电话。她联络了贝桑松国际音乐节的执行委员会,拜托他们准许他参加音乐比赛,结果,执行委员会回答,两周后做最后决定,请他们等待答复。此时,他心中便有了一丝希望,心想,若是还不行,就只好放弃了。

两星期后,他收到美国大使馆的答复,告知他已获准参加音乐比赛。参加比赛的人,总共60位,他很顺利地通过了预选,进入正式决赛,此时他严肃地想:"好吧!既然我差一点就被逐出比赛,现在就算不入选也无所谓了!不过,为了不让自己后悔,我一定要努力。"

后来他获得了冠军。

小泽征尔在成名前遇到了一些困难,如果他退缩、害怕失败,那么就不会获得后来的成就。只有努力把握机会,才有可能拥有一个成功而没有遗憾的人生。

失败可以磨炼人的意志,增强一个人的毅力。如果把挫折仅仅看成一种失败、一种"灾难",那么你一遇到挫折就会陷入焦虑、忧愁、痛苦中无法自拔。害怕失败、在困难面前退缩的人会失去磨炼意志的契机,进而失去成功的机会。

在生活中,强者总是能坦然地面对失败,冷静地分析原因,以乐观向上的态度、坚定不移的信心以及百折不挠的精神去努力、去奋进,让自己迈上更高的台阶。

2 坦然面对生活的苦与乐

"不以得为喜,不以失为忧",是种非常良好的心态。要以一种泰然处之的心态去面对生活。学会对痛苦微笑,坦然面对不幸。

"量子论之父"马克斯·普朗克是19世纪末20世纪初德国理论物理学界的权威,在科学界颇有威望,于1918年获诺贝尔物理学奖。

普朗克的一生并不是一帆风顺的。他中年的时候妻子逝世;在第一次世界大战期间,他的长子卡尔在法国负伤而亡;他的两个孪生女儿也都在生孩子后不久,相继去世。

对于这些不幸,普朗克在写信给侄女时说:"我们没有权利只得到生活给我们的所有好事,不幸是自然状态,生命的价值是由人们的生活方式来决定的。所以人们一而再再而三地回到他们的职责上去工作,去向最亲爱的人表达他们的爱。"

对于自己遭遇的一个又一个不幸,普朗克都能正确地对待,他没有被这些不幸击倒,没有忘记自己人生的意义。

第二次世界大战中,不幸的遭遇又一次降临到普朗克的头上。他的住宅因飞机轰炸而焚毁,他的全部藏书、手稿和几十年的日记,全部化为灰烬。为了逃避空袭,他只好暂居在一位朋友的庄园里。对于失去家园、资产,他泰然处之。他写道:"在罗格茨的生活还不算坏。"因为他还可以工作,他已经准备好了他想要进行的关于伪科学问题的新讲演。

1944年末,他的次子被认定有密谋暗杀希特勒的"罪行"而被警察逮捕,普朗克虽向多方求助,却没有任何效果。

普朗克在后来给侄女侄儿的信中说:"他是我生命中宝贵的一部分。他是我的阳光,我的骄傲,我的希望,没有言辞能描述我因失去他而蒙受的痛苦。"他在给阿·索末菲的信中说:"我要竭尽全力用理智的工作来填补我未来的生活。"

普朗克面对如此巨大的悲痛,仍然以泰然的心态处之,实在让人敬佩。事实证明,他得到了世人的尊重。

坦然是一面镜子,一旦有裂痕,就难以复原。1988年的汉城奥运会,约翰逊只用9秒79的时间就跑完了全程。然而,经过检查发现,他服用了兴奋剂。约翰逊的行为让人们对他由敬佩变为了蔑视,难道是他没有能力获得冠军,还是仅仅为了那点虚荣而抛弃了自己的人格？把冠军桂冠戴在约翰逊的头上，对别的运动员是不公平的，约翰逊缺少的是心灵深处的坦然。当人的心中拥有一份坦然的时候就会发现，只有靠自己辛勤种植培育的花，才能散发出令人陶醉的芳香。

坦然是种生存的智慧，生活的艺术，是看透了社会、人生以后所获得的那份从容、自然和超脱。

一个人要能自在地生活，心中就需要多一份坦然。笑对人生的人，始终坚信前景美好的人，更能得到成功的垂青。

1899年7月21日，欧内斯特·海明威出生在一个叫"橡树园"的小镇。

家里一共有六个孩子，海明威排行第二。母亲很有修养，热爱音乐。父亲是一位杰出的医生，又是个钓鱼和打猎的能手。海明威3岁时，父亲给他的生日礼物是一根渔竿；10岁时，父亲送给他一支一人高的猎枪。父亲的影响使海明威终生充满了对捕鱼和狩猎的热爱。

14岁时海明威在父亲的支持下报名学习拳击。第一次训练，他的对手是个职业拳击家，海明威被打得满脸鲜血，躺倒在地。

可是第二天，海明威裹着纱布还是来了，并且纵身跳上了拳击场。20个月之后，海明威在一次训练中被击中头部，伤了左眼。这只眼的视力再也没有恢复。

毕业以后，海明威不愿意上大学，渴望赴欧参战。因为视力的缘故未被批准。他离家来到堪萨斯城，在《堪萨斯报》做了见习记者。

在这里他学到了最初的写作技巧。海明威专心致志，很快掌握了写作的技巧，并形成了自己的文字风格。

1918年5月，海明威如愿以偿，加入了美国红十字战地服务队，来到第一次世界大战的意大利战场。

7月初的一天夜里,海明威被炸成重伤,人们把他送进野战医院。他的一个膝盖被炸碎了,身上中的炮弹片和机枪弹头多达230余块。

他一共做了13次手术,换上了一块白金做的膝盖骨。但仍有些弹片没有取出来,一直留在体内。

他在医院里躺了3个多月,接受了意大利政府颁发的十字军功勋章和勇敢勋章,那时他刚满19岁。

大战后海明威回到美国,战争除了给他的精神和身体带来痛苦外,没有带来任何值得高兴的事。旧的希望破灭了,新的又没有建立,前途渺茫。

尽管这样,海明威依旧勤奋写作。1919年夏秋,他写了12个短篇小说,寄给了报社,却被全部退回。

母亲警告他:要么找一个固定的工作,要么搬出去。海明威从家里搬了出去,因为什么也改变不了他献身于文学事业的决心。他只想做第一流的、最出色的作家。

1920年的整个冬天,他独自坐在打字机前,一天到晚地写作。有一次参加朋友们的聚会,海明威结识了一位叫哈德莉的红发女郎。她比海明威大8岁,成了海明威的第一个妻子。这时海明威22岁。

1922年冬天,他赴洛桑参加和平会议时,哈德莉在火车站把他的手提箱弄丢了。手提箱里装着他的全部手稿,一个长篇、18个短篇和30首诗。海明威痛苦万分却又毫无办法,只能重新开始。

1923年,海明威的第一部著作《三个短篇和十首诗》在法国的一个非正式出版社出版。总共只印了300册,在社会上毫无影响。

作为记者,海明威很受欢迎。但他呕心沥血写成的小说,却没有报刊肯用。尤其令他伤心的是,退稿信上总是称他的作品为"速写录"、"短文",甚至说是"轶事",根本就不把他的稿件看成是文学创作。1924年,海明威辞去记者工作,专门从事文学创作。他没有固定的收入,又要养活刚出生的儿子,生活艰难可想而知。

1925年是海明威最为穷困潦倒的一年。妻子已经带着儿子离开了他。他除了通宵达旦地写作,只能把看斗牛当作娱乐。

第二年,海明威与波林结婚后不久,他的第一部长篇小说《太阳照常升起》问世,立即博得了一片喝彩声,被翻译成多种文字,成了20年代那一代人的典范之作。

这部小说用美国女作家斯泰因的一句话 "你们都是迷惘的一代"作为题词,从而产生了一个文学流派——"迷惘的一代",而海明威则成了这个流派的代表。

在沉重的打击面前需要有处事不惊的坦然心态,只有这样才能战胜沮丧,使坎坷之途变为康庄大道。冷静而达观,愉快而坦然,是成功的催化剂,是另辟蹊径、迎接胜利的法宝。

摒弃世俗的偏见,豁达、洒脱地承受人生百味,争取做到富不狂、贫不悲、宠不荣、辱不惊,真正拥有一颗健康、平和的心,痛痛快快地享受人世间的苦与乐。

得意也好,失意也罢,要坦然地面对生活的苦与乐。假如生活给我们的只是一次又一次的挫折,也没什么,因为那只是命运剥夺了我们活得高贵的权利,但并没有夺走我们活得快乐和自由的权利。

3.每一处创伤都会让你更加成熟

苦难来临时，我们无处躲藏，既然如此，索性就让它留下的创伤永远提醒自己，让自己变得更加成熟与坚强。

成功不是唾手可得的，想要成功，我们就应该做好迎接失败的心理准备，坚定打垮失败的信念，总结每一次失败的经验，把每一次失败都当作成功的前奏，从头再来，那么我们就能化消极为积极，变失败为成功。

每一个人都应该有从头再来的勇气。从头再来不等于放弃过去，而是让自己在遭受创伤之后变得成熟。一遍遍地尝试，会让你获得更多的经验，这些才是你最大的财富。

1791年，法拉第出生在伦敦市郊一个贫困铁匠的家里。他父亲收入菲薄，经常生病，子女又多，所以法拉第小时候连饭都吃不饱，有时他一个星期只能吃到一个面包，更谈不上去上学了。

法拉第12岁的时候，上街去卖报。他一边卖报，一边从报上识字。到13岁的时候，法拉第进了一家印刷厂当图书装订学徒工，他一边装订书，一边学习。每当工作之余，他就翻阅装订的书籍。有时甚至在送货的路上，他也边走边看。经过几年的努力，法拉第终于摘掉了文盲的"帽子"。

渐渐地，法拉第能够看懂的书越来越多。他开始阅读《大英百科全书》，并常常读到深夜。他特别喜欢电学和力学方面的书。法拉第没钱买书、买本子，就把印刷厂的废纸订成笔记本，摘录各种资料，有时还自己配插图。

一个偶然的机会，英国皇家学会会员丹斯来到印刷厂校对他的著作，无意中发现了法拉第的"手抄本"。当他知道这是一位装订学徒记的笔记时，大吃一惊，于是丹斯送给法拉第皇家学院的听讲券。

法拉第怀着极为兴奋的心情，来到皇家学院旁听。作报告的正是当时赫赫有名的英国著名化学家戴维。法拉第瞪大眼睛，非常用心地听戴维讲课。回家后，他把听讲笔记整理成册，作为自学用的《化学课本》。

后来，法拉第把自己精心装订的《化学课本》寄给戴维教授，并附了一封信，"我极愿逃出商界而入于科学界，因为据我的想象，科学能使人高尚而可亲。"收到信后，戴维深受感动。他非常欣赏法拉第的才干，决定把他招为助手。法拉第非常勤奋，很快掌握了实验技术，成为戴维的得力助手。

半年以后，戴维要到欧洲大陆作一次科学研究旅行，访问欧洲各国的著名科学家，并参观各国的化学实验室。戴维决定带法拉第一起去。就这样，法拉第跟着戴维在欧洲旅行了一年半，会见了安培等著名科学家，长了不少见识，还学会了法语。

回国以后，法拉第开始独立进行科学研究。不久，他发现了电磁感应现象。1834年，他发现了电解定律，震动了科学界。这一定律，被命名为"法拉第电解定律"。

1867年8月25日，法拉第在他的书房里看书时逝世，终年76岁。为了纪念他对电化学的巨大贡献，人们用他的姓——"法拉第"作为电量的单位，用他的姓的缩写——"法拉"作为电容的单位。

为了追求自己的事业,很多人同法拉第一样,忍受了常人难以想象的困难与痛苦。对于有崇高追求的人而言,他们非但不把它们视为苦难,反而会认为这是莫大的财富,因为正是在这个过程中,他们获得了成功。

我们通常会把不幸视为人生的逆境,抱怨命运对自己不公平,可是抱怨丝毫不能解决问题。那些在人类历史上留下了杰出贡献的人,很多都遭遇过不幸,经历过刻骨铭心的痛。可是经历过风雨的历练后,他们对人生有了更加透彻的认识,变得更加成熟。没有不曾失败过的人,只有不够成熟的失败者。

日本"经营之神"松下幸之助,小时候在乡下看见农民洗甘薯,觉得很好玩,还从中悟出了做人的道理。在乡下,农民用木制的特大号水桶,装满了要洗的甘薯,然后用一根扁平的大木棍不停地搅拌。在木桶里,大小不一的甘薯,随着木棍的搅动,忽沉忽现。有趣的是,浮在上面的甘薯不会永远在上面;沉在下面的甘薯,也不会永远在下面。甘薯总是浮浮沉沉,互有轮替。

松下深有体会地说:"这种沉沉浮浮、互有轮替,正是人生的写照。每一个人的一生,就像那些甘薯一样,总是浮浮沉沉,不会永远春风得意,也不会永远穷困潦倒。这样持续不停地一浮一沉,就是对每个人最好的磨炼。"

"松下"品牌在商界声名显赫,业绩辉煌,可是松下幸之助的一生并不幸福:11岁辍学;13岁丧父;17岁差点淹死;20岁不但丧母,而且得了肺病几乎亡故;34岁,唯一的儿子出生仅6个月就病故;他一生受病魔纠缠。然而,每当他遭受打击与挫折时,就会想起乡下人洗甘薯的那一幕。于是,他百折不挠,愈挫愈勇,最终转败为胜,化危为安。

人的一生不可能永远一帆风顺,生命中的那些沟沟坎坎反而更能折射出生命的精彩。没有经历过创伤,就不会领略成熟的人生。在通向成功的道路上,失败是不可避免的。跌倒了,受伤了,微笑着对自己说,没有什么大不了的,前面的风景更美丽!

跨过创伤,失败的经历就能够带领我们走向一个更加明朗的世界;越过创伤,你会更加懂得人生;越过创伤,你会发现自己的意志如同钢铁般坚强。在我们收获成功的时候,我们更应该怀着一颗感恩的心来感谢生活给予我们的磨难,正因为有了这些磨难,我们才会变得更加自信与执著。

4.别在过去的失败里驻足

我们都希望自己所做的每一件事永远正确,从而达到自己预期的目的。可是人非圣贤,孰能无过,我们不可能做每一件事都万无一失。做了错事难免会悔恨,但是,如果我们总活在悔恨里,将自己陷入惭愧和自责里,那我们的生活便会停滞不前。一味的悔恨带给我们的只能是消极的心态,我们的生活也会因此而变得索然无味。

我们并不能预知失败的到来,可是我们也不能在它来临时坐以待毙。要想重新站起来,我们只能选择坚强。有句话说得好:"我不能左右天气,但我可以改变心情;我不能决定生命的长度,但是我可以控制生命的宽度;我不能改变过去,但我可以利用现在。"确实如此,外界的事情左右不了我们什么，重要的是我们的心态。聪明人不会徘徊在过去的错误里，他会珍惜眼前，展望未来，重新获得那失去的快乐与成功。

杰尔德太太有几年非常痛苦，甚至有了自杀的念头。这是因为，她觉得自己的生活太不幸了。1937年，杰尔德太太的丈夫不幸去世，那个时候的她非常颓废。安葬完丈夫后，她写信给过去的老板里奥罗西先生，请求他让自己回去工作。

杰尔德太太的请求得到了老板的同意。于是，杰尔德太太重新做起了卖书的工作。她以为，重新工作可以帮助自己从颓丧中解脱出来，可是，总是一个人驾车、一个人吃饭的生活几乎使她无法忍受。每天，她都会想起自己的丈夫，不由泪流满面。加上有些地方根本就推销不出去书，她的工作也很不顺心，这让她更加怀念丈夫。

杰尔德太太说："那几年，我每天晚上都会想起丈夫去世时的模样，这让我的心里好痛，感觉干什么都没有意义。"1938年春，她来到密苏里州维沙里市推销书。那里的学校很穷，路又很不好走。她一个人又孤独又沮丧。

这一切，都让杰尔德太太感到未来已经没什么希望，生活也毫无乐趣。她什么都怕：怕付不出分期付款的车钱，怕付不起房租，怕身体搞垮没钱看病……

后来，杰尔德太太看了一篇文章，其中的一句话让她震动颇大："对于一个聪明人来说，每一天都是一个新的生命。"杰尔德太太用打字机把这句话打下来，贴在汽车的挡风玻璃上。

渐渐地，杰尔德太太感到，其实每一天的生活并非那么艰难，只要学会忘记过去，那么自己就会轻松得多。每天清晨她都对自己说：

人生 就像
自 行 车

"今天又是一个新的生命。"

一年后,杰尔德太太已经彻底恢复过来,她说:"我现在知道,不论在生活中遇上什么问题,我都不会再害怕了。我现在知道,我不必活在过去!"

昨天的负担永远堆在心头,那它必将成为今天的"障碍",明天的"毒瘤"。所以,面对过去的伤痛,我们应当做的是学会忘记。生命正以令人难以置信的速度飞快地溜走,今天才是最值得我们珍视的。过去的阴影,就让它随风飘散吧!

贝多芬出生于贫寒的家庭,父亲是歌剧演员,性格粗鲁,酗酒,母亲是个女仆。贝多芬在童年和少年时代生活困苦,还要经常受到父亲的打骂。他11岁加入戏院乐队,13岁当大风琴手。17岁那年,他的母亲逝世了,他要独自一人承担着两个兄弟的教育的责任。

1793年11月,贝多芬离开了故乡波恩,前往音乐之都维也纳。不久,痛苦又叩响了他的生命之门。从1796年开始,贝多芬的耳朵日夜作响,听觉渐渐衰退。起初,他独自一人守着这可怕的秘密。1801年,贝多芬爱上了朱列塔·圭恰迪尔,他把《月光奏鸣曲》献给她。但是朱列塔太不理解他,于1803年与他人结婚。这是令贝多芬绝望的时刻,他甚至写下了遗书,想要结束自己的生命。肉体与精神的双重折磨,都反映在他这一时期的作品中。当时席卷欧洲的革命波及了维也纳,贝多芬的情绪开始高涨,他于这时创作了《英雄交响曲》《热情奏鸣曲》等作品。

1806年5月,贝多芬与布伦瑞克小姐订婚,爱情的美好催生了一系列伟大的作品。不幸的是,爱情又一次把他遗弃了,未婚妻和另外的人结婚了。不过这时贝多芬正处于创作的极盛时期,对一切都无所顾虑。他受到世人瞩目,与光荣接踵而来的却是最悲惨的时期:经济困窘,亲朋好友一个个死亡离散,耳朵也已全聋,和人们的交流只能在纸上进行。但是,苦难并没有让贝多芬屈服,反而让他变得更加顽强,正是在这种最艰难的处境下,他奏响了命运的最强音,创作出代表了他音乐生涯巅峰的《命运》《合唱》等作品,为当时的世界和后人展现了一个永不向命运屈服的灵魂。

有句话说得很好:无论你多么悲伤,牛奶也不可能再回到瓶子里,所以不要为打翻的牛奶而哭泣。生活也是如此,过去的岁月不可能重来,过去的事情不可能更改,我们只有选择好好地活在当下。我们没有太多时间缅怀过去,今天才是最值得我们珍视的。

5.困难像弹簧,你弱它就强

"困难像弹簧,你弱它就强。"这句俗语很多人都知道,但往往在碰到困难的时候便会忘记。

攻克困难的道路并不平坦,如果你动摇了,退缩了,那将一事无成,机会也将永远不会到来。如果你不屈不挠,勇往直前,想方设法地战胜困难,你就可能成为强者。困难的程度来源于你的内心,而非困难本身。

只要没到世界末日,何苦要让自己坠入痛苦的深渊?无须惊慌,不必痛苦，不要烦恼，学会乐观、坦然面对一切。打击也许是件幸事，它可以激发你更大的潜能，促使你取得更辉煌的成就。

　　世界顶尖电影巨星史泰龙，他的父亲是一个赌徒，母亲是一个酒鬼。他在拳脚交加的家庭暴力中长大，常常是鼻青脸肿，皮开肉绽。他学习也不好，高中辍学后，便在街头当混混。直到20岁的时候，一件偶然的事刺激了他，使他幡然醒悟："不能，不能这样了。如果这样下去，岂不是和自己的父母一样吗？不行，我一定要成功！"

　　他下定决心，要走一条与父母迥然不同的路，活出个样来。但是做什么呢？他苦苦思索。从政，可能性几乎为零；进大企业去发展，学历和文凭是目前不可逾越的高山；经商，又没有本钱……他想到了当演员——当演员不需要文凭，更不需要本钱，一旦成功，却可以名利双收。但是他显然不具备演员的条件，长相一般，又没接受过任何专业训练。然而，他认为当演员是他出头的唯一机会，决不能放弃，一定要成功！

　　于是，他来到好莱坞，找明星、找导演、找制片人……找一切可能使他成为演员的人，处处哀求："给我一次机会吧，我要当演员，我一定能成功！"

　　他一次又一次地被拒绝了。但他并不气馁，他知道，失败定有原因。每被拒绝一次，他就认真反省、检讨、学习一次。然后又去找人……不幸得很，两年一晃过去了，钱花光了，他只能在好莱坞打工，做些粗重的零活。

　　他暗自垂泪，甚至痛哭失声。难道真的没有希望了吗？难道赌徒、酒鬼的儿子就只能做赌徒、酒鬼吗？不行，一定要成功！他想，既然这样不行，能否换一个方法试试。他想出了一个"迂回前进"的方法：先写剧本，待剧本被导演看中后，再要求当演员。幸好现在的他已经不是刚来时的门外汉了。两年多的耳濡目染，每一次拒绝都是一次经验、一次学习、一次进步。因此，他已经具备了写电影剧本的基础知识。

一年后，剧本写出来了。他又拿去遍访各位导演，"这个剧本怎么样？让我当男主角吧！"普遍的反映都是剧本还可以，但让他当男主角，简直是天大的玩笑。他再一次被拒绝了。

他不断对自己说："我一定要成功！也许下一次就行，再下一次、再再下一次……"终于，一个曾拒绝过他很多次的导演对他说：

"我不知道你能否演好，但我被你的精神所感动。我可以给你一次机会，但我要把你的剧本改成电视连续剧，而且，先只拍一集，先让你当男主角，看看效果再说。如果效果不好，你便从此断绝这个念头吧！"

为了这一刻，他已经做了3年多的准备，现在终于可以一试身手了。机会来之不易，他不敢有丝毫懈怠，全身心地投入。第一集电视剧创下了当时全美最高收视纪录——他成功了！

在前进的途中，不可能什么事情都是一帆风顺的，总会遇到各种各样的困难、挫折，有来自自身的，也有来自外界的。只要拥有积极的心态，即使遇到困难，也可以克服它，取得胜利。爱默生说过："伟大高贵人物最明显的标志，就是他有坚定的意志。不管环境变化到何种地步，他的初衷与希望仍然不会有丝毫的改变，而终至克服障碍，以达到所企望的目的。"

1933年1月，希特勒一上台，就发布第一号法令，把犹太人比作

人生 就像 自 行 车

"恶魔",叫嚣着要粉碎"恶魔的权利"。不久,哥廷根大学接到命令,要学校辞退所有从事教育工作的纯犹太血统的人。在被驱赶的学者中,有一位名叫爱米·诺德(A.E.Noether1882—1935)的女士,她是这所大学的教授,时年51岁。她主持的讲座被迫停止,就连微薄的薪金也被取消。这位学术上很有造诣的女性,面对困境,却一片坦然,因为她一生都是在逆境中度过的。

诺德生长在犹太籍数学教授的家庭里,从小就喜欢数学。1903年,21岁的诺德考进哥廷根大学,在那里,她听了克莱因、希尔伯特、闽可夫斯基等人的课,与数学结下了不解之缘。她在学生时代就发表了几篇高质量的论文,25岁便成了世界上屈指可数的女数学博士。

诺德在微分不等式、环和理想子群等研究方面做出了杰出的贡献。但由于当时妇女地位低下,她连讲师都评不上,在大数学家希尔伯特的强烈支持下,诺德才由希尔伯特的"私人讲师"成为哥廷根大学第一名女讲师。接下来,她由于科研成果显著,又是在希尔伯特的推荐下,取得了"编外副教授"的资格。

在布特勒的命令下,诺德被迫离开哥廷根大学,去了美国工作。1934年9月,美国设立了以诺德命名的博士后奖学金。不幸的是,诺德在美国工作不到两年,便死于外科手术,终年53岁。她的逝世,令很多数学同僚无限悲痛。爱因斯坦在《纽约时报》发表悼文说:"根据现在的权威数学家们的判断,诺德女士是自妇女受高等教育以来最重要的富于创造性的数学天才。"

诺德的成功告诉我们:要成功就要不懈地努力,直到困难被你打倒为止。如果你没有很好地坚持,那么你就会被困难打倒。

世界就是有这么一种力量在推动着人类的进步,那就是坚强,坚强把困难变得弱小,只要你持之以恒,不怕艰苦,积极面对,那么,困难就会在你的坚强之下慢慢降服,而你就可以取得成功了。

6.狭路相逢勇者胜

人生之路注定是不平坦的,不过,一个个挫折和磨难就如冲浪,虽然充满了惊险,可是一旦我们战胜了它,那种自豪感是旁人无法体会的。相反,如果你意志薄弱,向眼前的挫折低下了头,那你永远只能是个失败者。

生活中没有过不去的坎,当挫折来临时,我们应该冷静下来,调整好心态,总结经验教训,给自己勇气,直面挫折,发起再一次的挑战。

希拉斯·菲尔德先生退休的时候已经积攒了一大笔钱,然后他突发奇想,想在大西洋的海底铺设一条连接欧洲和美国的电缆。

有了这个想法后,他就开始全身心地投入到这项事业之中。前期基础性的工作包括建造一条1000英里长的电报线路。纽芬兰400英里长的电报线路要从人迹罕至的森林中穿过,所以要完成这项工作不仅要建一条电报线路,还要建同样长的一条公路。此外,工程还包括穿越布雷顿角全岛共440英里长的线路,再加上铺设跨越圣劳伦斯海峡的电缆,十分浩大。

菲尔德使尽浑身解数,才从英国政府那里得到了资助。一切准备就绪后,菲尔德的铺设工作就开始了。电缆一头搁在停泊于塞巴斯托波尔港的英国旗舰"阿伽门农"号上,另一头放在美国海军新造的豪华护卫舰"尼亚加拉"号上,但就在电缆铺设到5英里的时候,电线突然被卷到机器里面绞断了。

菲尔德不甘心,进行了第二次试验。在这次试验中,在铺好200英里长的时候,电流突然中断了,船上的工作人员只能在甲板上焦急地走来走去。但就在菲尔德即将下令割断电缆、放弃这次试验时,电流突然又神奇地出现了,一如它神奇地消失一样。夜间,船以每小时4英里的速度缓慢航行,电缆的铺设也以每小时4英里的速度进行着。这时,船身突然发生了严重倾斜,制动器紧急制动,不巧又割断了电缆。

但菲尔德并没有因为沮丧而停滞不前,而是乐观地相信事情一定会有转机。

之后,他又订购了700英里的电缆。他还聘请了一位专家,请他设计一台更好的机器,以完成这么长的铺设任务。后来,英美两国的发明天才联手把机器赶制出来。最终,两艘军舰在大西洋上会合了,电缆也接上了头。随后,两艘船继续航行,一艘驶向爱尔兰,另一艘驶向纽芬兰,结果两船分开不到3英里,电缆又断开了。再次接上后,两船继续航行,到了相隔8英里的时候,电流又没有了。电缆第三次接上后,铺了200英里,在距离"阿伽门农"号20英尺处又断开了,两艘船最后不得不返回爱尔兰海岸。

很多参与此事的人都泄了气,公众对此也流露出怀疑的态度,投资者更是对这一项目没有了信心,不愿再投资。这时,如果不是菲尔德坚持,这个项目很可能就此放弃了。菲尔德绝不甘心失败,为此日夜操劳,甚至到了废寝忘食的地步。

于是,又一次尝试开始了,这次总算一切顺利,全部电缆铺设完毕,而且没有任何中断。几条消息也通过这条漫长的海底电缆发送了出去,一切似乎就要大功告成了,但突然电流又中断了。

这时候,除了菲尔德和他的一两个朋友,其他人都感到了绝望。但菲尔德仍然坚持不懈地努力,他又找到投资人,开始了又一次的尝试。他们买来了质量更好的电缆,这次执行铺设任务的是"大东方"号,它缓缓驶向大洋,一路把电缆铺设下去。一切都很顺利,但最后在铺设横跨纽芬兰的600英里的电缆线路时,电缆突然又断了,并且掉入了海底。他们打捞了几次,但都没有成功。于是,这项工作就耽搁了下来,而且一搁就是一年。

但是这一切困难都没有吓倒菲尔德。他又组建了一个新的公司,继续从事这项工作,而且制造出一种性能远优于普通电缆的新型电缆。1866年7月13日,新一次试验开始了,这次,电缆顺利接通,并发出了第一份横跨大西洋的电报!电报内容是:

7月27日。我们晚上9点到达目的地,一切顺利。感谢上帝!电缆都铺好了,运行完全正常。希拉斯·菲尔德

不久以后,原先那条掉到海底的电缆也被打捞了上来,重新接上,一直连到纽芬兰。这两条电缆一直使用了很久。

对于那些能够跌倒之后再爬起来的强者,挫折是上天给予他们的最宝贵的财富,是人生最好的课堂。

大多数人在遭遇到挫折和失败时,总是想着绕道而行或者干脆停滞不前,结果导致自己距离目标越来越远,而那些成功者之所以能成为人群中的佼佼者,是因为他们有着支撑他们前行的力量——坚强的毅力和不达目的誓不罢休的决心。

如果一个人在46岁的时候,因意外事故被烧得不成人形,4年后

又在一次坠机事故后腰部以下完全瘫痪,他会怎么办?

你能想象他变成了百万富翁、受人爱戴的公共演说家及成功的企业家吗?你能想象他去泛舟、玩跳伞,还在政坛占得一席之地吗?

米契尔做到了这些。在经历了两次可怕的意外事故后,他的脸因植皮而变成一块"彩色板",他的手指没有了,双腿无法行动,只能瘫坐在轮椅上。

第一次意外事故把他身上65%以上的皮肤都烧坏了,为此他动了16次手术。手术后,他无法拿起叉子,无法拨电话,也无法一个人上厕所。但以前曾是海军陆战队员的米契尔从不认为他被打败了,他说:"我完全可以掌握我自己的人生,我可以选择把目前的状况看成是倒退或是一个新起点。"6个月之后,他又能开飞机了!

米契尔为自己在科罗拉多州买了一幢维多利亚式的房子,又买了一架飞机和一家酒吧。后来他和两个朋友合资开了一家公司,专门生产以木材为燃料的炉子,这家公司后来变成佛蒙特州的第二大私人公司。意外发生后4年,米契尔所开的飞机在起飞时摔回跑道,把他的12块脊椎骨摔得粉碎,腰部以下永久性瘫痪!

但是,米契尔仍不屈不挠,日夜努力使自己能达到最大限度的独立自主。他被选为科罗拉多州孤峰顶镇的镇长,后来又竞选国会议员,他用一句"不只是另一张小白脸"的口号,将自己难看的脸转化成一项优势。

尽管面貌骇人、行动不便,米契尔却坠入爱河,结了婚,同时拿到了公共行政硕士学位,并继续他的飞行活动、环保运动及公共演说。

米契尔说:"我瘫痪之前可以做1万件事,现在我只能做9000件,我可以把注意力放在我无法再做好的1000件事上,或是把目光放在我还能做的9000件事上。告诉大家,我的人生曾遭受过两次重大的挫折,如果我能选择不把挫折当成放弃努力的借口,那么,或许你们可以也用一个新的角度来看待一些一直使你们裹足不前的经历。你可以退一步,想开一点,然后你就有机会说:或许那也没什么大不了的!"

成功之花,人们往往惊羡它出现时的明媚,然而当初,它的芽儿却浸透了奋斗的泪痕,洒满了牺牲的血雨。没有谁能一步登天,没有人一上台就惊艳全场,在每一个成功者背后,都有一段与困难和挫折斗争的历程。人们只看到他们光鲜亮丽的一面,殊不知,为了这短暂的一刻,他们经历了怎样的痛苦与挫折。

人难免有低谷,如果在低谷时打起了退堂鼓,放弃了自己的目标和理想,那就永远不会尝到成功的滋味;如果把人生低谷时的磨难当作一个目标,用坚定的信念和决心去克服,相信不管多大的艰难险阻,都会顺利度过,最终取得成功。挫折往往就是成功诞生的沃土,如果在上面播撒下自己的信念,浇灌下坚强的毅力,一定会开出成功的花朵。

7.别人都不看好你,你才有机会证明自己

我们经常用"黑马"这个词来形容出乎意料的赢家。"黑马"之所以"黑",其成功之所以出乎意料,就是因为之前他不被看好,但他最终却做出了令人瞠目结舌的成绩,证明了自己的能力。

我们都希望演绎出辉煌的成就和创造有个性的自我,都希望自

己的风度、学识、动人的歌喉或是翩翩起舞的身影能得到别人的认可和掌声，但是在实现这一切之前，很可能受到的是他人的讥讽和嘲笑。有人怀疑我们的梦想，怀疑我们无法完美地完成手头的工作，越是这个时候，越说明我们"证明自己"的时候到了。

麦克阿瑟在西点军校考试的前夜，感到非常焦虑，非常害怕自己会落榜。

这时，他的母亲走过来，说："我的儿子，你必须相信你自己，为自己鼓劲。只要抛弃了内心的怯懦，给自己一份信心，你就一定能赢。尽管你没有把握成为第一，但你要有充分的信心，即使最后没有通过，但你知道自己已经全力以赴了，就会不留遗憾。记住，儿子，没人给你鼓励，就自己给自己鼓掌。没有人相信你的时候，也正是你证明自己的时候。"

母亲的话给了他极大的鼓励与支持，第二天，他满怀信心地走进考场。后来，西点军校的考试成绩公布了，麦克阿瑟名列第一。

这次之后，他牢牢记住了母亲的话："没有人相信你的时候，也正是你证明自己的时候。"凭着这种信念，他取得了一次又一次的胜利，成为美国历史上著名的将军。

生活中，我们没有必要把他人的眼光看得太重。对于我们自己的生活，只要我们不失掉自信就好了。拿破仑说过："一个人应养成信赖自己的好习惯，即使再危急的时刻，也要相信自己的勇气与毅力。"

有人说："所谓机会，就是别人不看好你的时候你去做了；所谓抓住机会，就是做好自己的事，走好自己的路。"奋斗的过程中，大多数人只能在镁光灯的背后呢喃或独白，没有人关注，没有人在意，没有人给予锦簇的鲜花和热烈的掌声。这正是我们证明自己的最佳时机。

十九世纪末，梅兰芳出生于京剧世家，他从小喜爱京剧，八岁的时候，向家里提出请求：要拜京剧大师学艺。对于梅兰芳这一请求，家里自然是欣然答应，于是就开始给他物色老师。梅兰芳要学的是旦角，刚学的时候，他入门很慢，一出戏师傅教了很长时间，他还是学不会。耐不住性子的师傅终于有一次找到梅兰芳的父亲说："这孩子不行，不是块唱戏的料。"

父亲将师傅的话告诉了梅兰芳。梅兰芳听后非常难受，但是他并没有气馁，他知道越是这个时候，他越要证明自己。这股子倔强上来，他下定决心要学会唱戏。没人教，他就自己学，他用心思考，反复练习，一段唱词，别人唱几遍就不练了，他总要坚持练二三十遍。经过刻苦练习，他终于练出了圆润甜美的嗓音。

梅兰芳的眼睛没有神，京剧师傅向他的父亲说："这孩子的眼睛是'金鱼眼'。"梅兰芳知道自己的眼珠并不灵活，便养了几只鸽子，每当鸽子飞起的时候，他就紧紧盯着飞翔的鸽子，锻炼自己的眼睛。他还经常注视水中游动的鱼儿。渐渐地，他的双眼越来越有神。日子一长，人们都说，梅兰芳的眼睛会说话了。

就是在这样的刻苦练习下，梅兰芳终于由当初的"不是唱戏的料"变成了京剧名角，最后还成了独创一派的宗师。

每个人都是一只水晶球，晶莹闪烁，然而一旦受到他人的非议时，有的人或许就会让自己在黑夜中悄悄消殒，但是，欣赏和肯定自己的人不会因此而放弃自己的光芒，而是抓住机会，将世界上五颜六色的光折射到自己生命的各个角落。

第九章

别忘记看看沿途的风景

回首的时候，总想把走过的路重走一遍，总想让那一串深深浅浅的脚印不再曲折，不再迂回；回首的时候，才知道从前的那缕朝霞应该珍惜，从前的那抹夕阳不该错过。

1.放慢脚步,降低高度

我们总在追求一个高度,渴望身处高地,一览众山小,繁华尽收眼底。

可是,梦想是美好的,现实却往往出乎意料。当我们真正攀到一个高度时,才发觉,高处不胜寒。我们不是难逢棋手、孤独寂寞,就是被那些快速赶上来的人逼到无路可退,甚至跌落深渊。

大学四年,她年年被评为优等生,拿着特等奖学金。更难能可贵的是,她能歌善舞会主持。学校里举办的任何大型活动都能见到她的倩影。每一个女生都羡慕她,总想着能有她一半优秀就好了。

可是,让人惊讶的是,她很少笑,无论去自习室还是图书馆总是形单影只,也难见她卸下自己的双肩包,给自己一个不用学习的周末。

对她的了解越深,越觉得她这个人沉重。身上背负着无数光环,以及来自家庭、学校的厚重期望,加之自己从来没有落于人后,难免会拼了命往无人攀越的境地迈进。可是人生的高度何止一尺一丈?于是,她就永远行走在要做到最好的路上,十分疲惫却又无法停止。

大四那年,她又以全院第一的成绩成了北方某重点大学的研究生。可让人震惊的是,半年后,她竟然退学了。她在日记中这样写道:"'我要当第一'就像一道魔咒,从我记事起就开始控制我。它推着我向荒无人烟的高度奔去。这些年来,我不曾像一个普通人一样,悠然自得,走走停停地享受属于我的风景。回顾过往,我的世界就是由无数个第一构成的灰色城堡,那里除了别人的掌声和赞美,别无他物。那么我自己呢?我的心到底要什么?我的快乐在哪里?我的幸福谁给予?好想停下来,可是开弓没有回头箭,一个连中数百靶心的箭手,怎么能容忍输给别人的结果出现呢?我最终的宿命,要么永当第一,攀上无人企及的高度,要么跟随一次失败,永远香消玉殒……"

　　我们总是对自己期望过多:我要当某个行业的第一,我要当某国的第一,我要当世界的第一,为了这个"第一"我们不遗余力。可是,目标的实现并不是一朝一夕的事,更不可能信手拈来。

　　你这一辈子跋山涉水,似乎仅仅就为一个高度而活,你在攀越时,是否留意你周围那些美好却一瞬而过的风景?是否有人陪你一路攀越,你在这一路上留下更多的是欢声笑语,无怨无悔,还是产生高处不胜寒的感觉?

　　如果有一天,无数人到达你的那个高度,与你比拼实力,当你无法应对,被人挤下来后,你到底有多少承受能力?你有勇气反败为胜,重整旗鼓吗?假如你跌落得足够深,摔得足够重,你还拿什么去追赶别人?

　　两人出去游玩,天色渐晚,A行色匆匆,想着要在最后一班船开走前到达码头。于是,经过慢慢悠悠拍照的B身边时不免催促了一句,"你继续这样赶路,会错过最后一班船的。"B却不慌不忙地说道:"今天船开走了,明天还会来。可如果错过了今天的景色,一辈子就这样错过了。"

星云大师说,放慢脚步,降低高度,就是为了有时间、有机会欣赏身边更多的美景,就是为了品味生活的每一个细节,就是为了让自己在每一次细小的回味中,抓住那些容易错过的幸福。

人生的高度一个又一个,它不是一尺,也不是一丈。不要太贪心,也不要太紧张。设置你心目中合适的高度,快乐而充实地奋斗。不用急着第一个到达,也不要为别人早到一步而纠结郁闷,更不要因为别人超越你而抓狂绝望。这个世界上不是所有人都比你强,也不是所有人都比你弱,你需要的仅仅是一份心安和平静。

是的,你努力了,你向目标奋斗了,你向想要到达的高度迈进了,一切就都值得了,至于结果难道会比这充实而忙碌的过程更重要吗?

学会适时地"饶"过自己,理性地面对现实吧,调整情绪,用轻松的心态去面对身边的人或事,这才是快乐生活的关键。

2.独处是灵魂的需要

生活中,除了劳作谋生,除了衣食住行,除了交友聚谈,还有一个重要的内容,就是思考。思考需要独处,这样看来,独处几乎可以说是人人都应当学会的一种生活方式。

三毛说,她想有一间自己的书房,不要有窗,也不必太宽敞,只要容得下一桌一椅一台灯即可。桌上放一叠书,灯下是一个真实的人。听得见自己的心跳。这时候你是你自己,你可以冷静地审视自己,理解自己,珍惜自己,善待自己。

独处,不是寂寞与孤独的自我发泄,会独处的人是会调节生活的人。"淡泊以明志,宁静以致远。"适当的独处,能给人以充实和乐趣,能让人在这嘈杂的环境中找到自己。

独处,能够让你渐渐地看清楚自己"不对"的地方,看清自己习惯于附着在哪个点哪个地方。或者说,看看自己的整个人生大部分的时间都在被什么所吸附着。真正喜欢并享受独处的人无狂喜亦无大悲,多一份宁静执着,少一份狂热浮躁,固守着一份达观祥和的心境,享受着快乐人生。

无论生活多么繁重,我们都应在尘世的喧嚣中,找到一份不可多得的静谧,在疲惫中给自己的心灵一点小憩,让自己属于自己,让自己解剖自己,让自己鼓励自己,让自己做回自己。

印度心理导师克里希那穆提在《爱与寂寞》中写道:只有当心灵不再以任何方式逃避,直接与孤独寂寞交流时,才会有感情,才会有爱。

独处有多种多样的方式,可以独自一个人去到大森林里,倾听春天的声音,也可以沉入静默之中,从思考中发现自己对生活的理解与感悟;

可以漫步到水边,伫立在无声的空旷中,感受一份清灵。让心灵远离尘嚣纷乱的世界,默默地体验花香,聆听鸟鸣;

可以捧一品香茗,在氤氲的缭绕中慵懒地翻阅一本好书。让自己在这份难得的宁静中,去解读关于生活、关于情感的文字;

可以背上简单的行囊,到向往已久的地方去。不需与谁为伴,就自己一个人的旅程,可以天马行空,自在逍遥,让孤独的内心得到释放……

独处作为一种生活的状态，可以获取到欢聚中获取不到的快乐，可以使自己摆脱浮躁，使心态变得更加平静，更加单纯，也更加丰富，可以强烈地感受自己，感受世界。

独处并非孤僻，也非孤傲，更非借此显示自己的孤峭和与众不同。独处是于纷繁之中，给自己营造一座心灵的别墅，让自己真正地安静下来，整理自己的思绪，寻找迷失的自我。

有位丹麦作家写道："衡量一个人独处的标准是：在多长的时间里，以及在怎样的层次上他能够甘于寂寞，而无须得到他人的理解。能够毕生忍受孤独的人，能够在孤独中决定永恒之意义的人，距离孩提时代及代表人类动物性的社会最远。"

独处是人性的需要，是灵魂的需要，当一个人学会与自己独处的时候，就找到了真正的自我，所以学会独处吧！

3.阅读是最快乐的消遣

读书是一种茶余饭后的消遣，是精神饥饿时的盛宴，是缓解疲劳的清茶，也是驱逐寂寞的音乐。

莎士比亚说过：生活里没有书籍，就好像天空没有阳光；智慧里没有书籍，就好像鸟儿没有翅膀。

英国著名浪漫主义诗人雪莱非常喜欢读书，书上的知识丰富了他的想象力，活跃了他的思维，使他看上去永远是那么朝气蓬勃、热情奔放、充满活力。他总是不停地看书,几乎到了废寝忘食的地步。他吃饭时面前也放着书,一边看一边吃,经常忘记喝茶吃面包,饭菜常常是冷了热、热了冷,热了好几遍才吃完。他外出散步时也总是手不释卷,经常自言自语地吟诵着名篇和诗文,令同行的朋友为之动容。雪莱年仅29岁便死于海难,他短暂的一生却留给后世宝贵的文学财富,他的抒情诗成为文学史上不朽的杰作。

培根说:孤独寂寞时,阅读可以排解。如果与书籍结缘,思想就会通达古今。作为社会中普通的一员,在独处时,与书为友,就会把生活的艰辛与磨难看得云淡风轻。

人们在阅读时,精神上没有疲劳和厌倦,没有沉重的负担,没有无形的压力,在轻松的阅读中走进作品,在时而山穷水尽、时而柳暗花明中无限地惊奇和企盼,同时获得时而和风细雨、时而电闪雷鸣的大起大落、亦悲亦喜的阅读感受,使自己不由自主地忘却身边无尽的忧愁和烦恼,得到精神上的享受。

王安忆说:阅读是需要修养的消遣,第一要识字、第二要有想象力。对她来说,没有任何娱乐可以代替阅读。

一次春节旅行中,她偶然在斯洛伐克首都布拉迪斯拉发逗留两日。最让她感动的是,这个城市里到处是书店和图书馆。"因此,你不可小瞧这个国家,这是个有希望的国家,阅读可能是个奢侈的消遣,但这也是一种民族性格。"

凡是读书多的人发展潜力一定是强的。

华人首富李嘉诚12岁就开始做学徒，还不到15岁就挑起了一家人的生活担子，再没有受到过正规的教育。当时李嘉诚非常清楚，只有努力工作和求取知识，才是他唯一的出路。他有一点钱就去买书，直到把书上的内容记在脑子里面，才去再换另外一本。直到现在，每天晚上，他在睡觉之前，还是一定得看书。后来李嘉诚对人们讲："知识并不决定你一生是否有财富增加，但是你的机会却更加多了，创造机会才是最好的途径。"

真正的"读书"，不仅在读"书"，更在"读"所达到的"境界"。人们常说的潜移默化、润物无声讲的就是这个道理。应该说任何读书都有功利性，但我们可以把为功名利禄读书，变成为获取知识与获得艺术享受而读书，把阅读当作轻松、愉悦的消遣。

把阅读当作是一种消遣，让阅读成为一种习惯，对于我们提高自己不无裨益。人的一生是有限的，直接向别人学习的经验也是有限的，但是通过读书间接向别人学习则是趋于无穷的。读书可以让我们突破时间、空间的限制，可以跟古今中外许许多多优秀的人对话、交流，可以让我们的思绪自由地驰骋。所以有人说："手里只要有一本书，我就不会觉得浪费时间。"

把阅读当作消遣是聪明的，把很多消遣的时间用来阅读是高明的。需要消遣的时候，不妨泡一杯茶，拿一本书，细细品味一番，一定会有许多意想不到的收获。

4.旅行会让你更明白自己,也更明白这个世界

"阵阵晚风吹动着松涛,吹响这风铃声如天籁,站在这城市的寂静处,让一切喧嚣走远,只有青山藏在白云间,蝴蝶自由穿行在清涧,看那晚霞盛开在天边。"这是许巍的一首《旅行》,极其抒情地诠释了现代都市的人对远方美景的向往。

现代都市生活节奏快,压力大,越来越多的人通过旅游来放松自己。每当周末节假日,人们纷纷走出家门,释放自己被禁锢已久的心灵,投入大自然的怀抱。的确,相同的人,相同的事,相同的路,相同的天空,待久了会让人心生麻木,旅行却能给人带来感观上的新鲜、心灵上的释放。

旅行会让你更明白自己,也更明白这个世界。若工作压力太大、找不到工作与生活的意义,暂时放下一切去旅行是一个很好的调整心情的办法。

方元刚大学毕业不到半年,就辞去了某大型报社记者的工作,在国内一边打零工一边旅行。这样的生活持续了10个月。

"在辞职之时,我并不清楚这段生活到底要持续多久、我期望从中得到什么、旅行结束之后又要干嘛,"方元说,"但旅行彻底调整了我的心态与情绪,在旅行接近尾声时,我和驴友结伴去甘南朗木寺沿河流徒步走着。那天,正走在弯弯绕绕的上坡路上,我的脑袋里突然闪出了一个念头:还是去做记者吧,既然你在大学里选择了学新

闻,那么还是尝试下在社会里做新闻好了。再说当记者也不错,不用坐班,比较自由。"

随后工作的两年里,方元遇到过不少困难与麻烦,也曾想过放弃,再次开始在路上的生活,但却总难以达到放弃的那根底线:"唔,这一切没有那么严重,你可以坚持的。"

古人说:"不登高山,不知天之高也;不临深溪,不知地之厚也。""读万卷书"固然需要,但"行万里路"更不可少。自古以来,人们都非常推崇"行万里路",许多名人志士都是在饱览名山大川、眼界开阔之后取得了非凡的成就。

苏轼在《石钟山记》一文中,记叙了他深入实地考察,揭开石钟山得名之谜的故事。

鄱阳湖口有座石钟山,下临深潭。关于石钟山得名的由来,众说不一,但都不能令人信服。为了弄清这个问题,一天晚间,苏轼和儿子苏迈乘坐小船来到石钟山的绝壁下面,只听水上不停地发出"噌吰"的声音。苏轼仔细观察,原来山下都是石头的洞穴和裂缝,微波流入,冲荡撞击,便形成这种声音,又发现有块大石头挡在水流中心,它的中间是空的,有很多窟窿,风浪吞吐,发出"款坎镗嗒"的声音,与刚才"噌吰"的声音互相应和,如同歌钟演奏一样。至此,苏轼探求到了石钟山得名的真正原因。

正如那句著名的广告语:"人生就像一场旅行,不必在乎目的地,在乎的是沿途的风景和看风景的心情。"川端在伊豆邂逅的美丽,三毛在撒哈拉找到的幸福,苏童在江南水乡触到的灵感,安妮在墨脱受到的震撼,苏东坡在石钟山的顿悟……旅行收获到的岂止是简单的风景。

一块石头,一缕空气,一片白云,一寸土地……其实,每个地方,都有它独特的魅力。而旅行的意义也并非仅仅为了某处风景,为旅行而旅行,旅行可以让我们增长见识的同时,得到心情的释放与心灵的休憩。当放下烦闷的工作与琐碎的家事,当踏出迈向旅途的第一步,轻松与愉悦就会伴随着你继续向前。即使在旅行途中只是看看山、听听水、欣赏下日出日落高原雪山,它也足以用大自然本身的力量让你的心灵得到休憩与释放,达到内心的平衡。

5.适当放弃,不存"非分之想"

在人的一生中,要遇到许许多多的选择,尤其的是鱼和熊掌往往不可兼得。在命运的十字路口,审慎地运用你的智慧,做出最正确的判断,放弃无谓的固执,冷静地用开放的心胸去做正确的选择。

一对师徒走在路上,徒弟发现前方有一块大石头,就皱着眉停在石头前面。

师父问他:"为什么不走了?"

徒弟苦着脸说:"这块石头挡着我的路,我走不过去了,怎么办?"

师父说:"路这么宽,你怎么不会绕过去呢?"

徒弟回答道："不,我不想绕,我就想要从这块石头上迈过去!"

师父:"能做到吗?"

徒弟说："我知道很难,但是我就要迈过去,我就要打倒这块大石头,我要战胜它!"

经过艰难的尝试,徒弟一次又一次地失败了。

最后徒弟很痛苦："连这块石头我都不能战胜,我怎么能实现我伟大的理想?"

师父说:"你太执著了,对于做不到的事,不要盲目地坚持到底,你要知道,有时坚持不如放弃。"

执著过了分,就转变为固执。一个人理智地放弃他无法实现的梦想,放弃盲目的追求,是人生目标的重新确立,也是自我调整、自我保护。学会适时地放弃,给自己另辟一条新路,往往会柳暗花明。

他是个农民,但他从小的理想是当一名作家。为此,他一直努力着,10年来,坚持每天写500字。每写完一篇,他都改了又改,精心地加工润色,然后再充满希望地寄往各地的报纸、杂志。遗憾的是,从来没有一篇文章得以发表,甚至连一封退稿信他都没有收到过。

29岁那年,他总算收到了第一封退稿信。那是一位他多年来一直坚持投稿的刊物的编辑寄来的,信里写道:"看得出你是一个很努力的青年,但我不得不遗憾地告诉你,你的知识面过于狭窄,生活经历也显得过于苍白。但我从你多年的来稿中发现,你的钢笔字越来越出色。"

就是这封退稿信点醒了他。他意识到,自己不应该对某些事坚持到底。于是,他毅然放弃写作,转而练起了硬笔书法,果然长进很快。现在他已是有名的硬笔书法家。

就这样，他让理想转了一个弯，继而柳暗花明，走向了成功。成功之后的他曾向记者感叹：一个人要想成功，理想、勇气、毅力固然重要，但更重要的是，人生路上要懂得舍弃，更要懂得转弯！

如果你以相当的精力长期从事一种事业，但仍旧看不到一点进步、一点成功的希望，那就不必浪费时间了，不要再无谓地消耗自己的精力，而是应该再去寻找另一片沃土。目标是一种方向，需要恰当地选择。

放弃，并不是让你放弃既定的生活目标、放弃对事业的努力和追求，而是放弃那些已经力所不能及、不现实的生活目标。其实，任何获得都需要付出代价，放弃就是一种付出。人在生活中需要不断做出选择，放弃也是一种选择。

放弃不是退缩和隐藏，而是教你如何在衡量自己的处境后有的放矢，聪明睿智地做出正确的选择。

什么都想要的人其实经常顾此失彼，最后甚至什么也得不到。在现实社会中，诱惑实在太多了，在诱惑面前我们只有着眼于大局，把握自己的欲望，适当放弃，不存"非分之想"，才是明智的行为。

两千多年前，鲁国的大臣公仪休，是个嗜鱼如命的人。他被提任宰相以后，鲁国各地有许多人争着给公仪休送鱼。可是，公仪休却连正眼都不看，并命令管事人员不可接受。

他的弟弟看到那么多从四面八方精选来的活鱼都被退了回去，很是可惜，就问他："哥哥你最喜欢吃鱼，现在却一条也不接受，这是为什么？"

公仪休很严肃地对弟弟说:"正因为我爱吃鱼,所以才不接受这些人送的鱼。你以为那帮人是喜欢我吗?不是。他们喜欢的是宰相手中的权力,希望这个权力能偏袒他们、压制别人,为他们办事。吃了人家的鱼,就要给送鱼的人办事。执法必然有不公正的地方,不公正的事做多了,天长日久哪能瞒得住人?那么,宰相的官位就会被人撤掉。到那时,不管我多想吃鱼,他们也不会给我送来了,我也没有薪俸买鱼了,现在不接受他们的鱼,公公正正地办事,才能长远地吃鱼,靠人不如靠己呀!"

有一次,一个不知名的人偷偷往他家送了一些鱼,他无法退回,就把鱼挂在家门口,直到几天后鱼变得臭不可闻才把它们扔掉。从那以后,再也没有人敢给他送鱼了。

懂得为自己的所作所为负责,即使在无人知晓的情况下仍能自律的人,在人生道路上就能把握好自己的命运,不会为得失而"越轨翻车"。

放弃,未必就是怯懦无能的表现,未必就是遇难畏惧、临阵脱逃的借口。有时候,放弃恰恰是心灵高度的跨越,是睿智思索之后的最佳选择。

能够放弃一些东西,是人生的一种魄力。有时,放弃就是一种高远的目光,就是趋利避害,就是以退为进、弃旧图新。学会适时放弃,人生就会有一个新的高度。

6.不要让攀比毁掉你的幸福

我们常常觉得自己过得不快乐，那是因为我们追求的不是真正的幸福，而是"比别人幸福"。

生活中，只要细心留意，种种由攀比而导致的闹剧、悲剧几乎每天都在上演。

其实，那些整天过得闷闷不乐、对自己的处境感到不满的人，并不一定是因为自己的处境有多么悲惨，而是因为他们暗自将自己的生活状况拿去和别人攀比，就总觉得别人比自己更幸运、更幸福。而自己呢？好像就成了最不幸的一类人。这样一来，还怎么能够活得开心、过得幸福呢？

有一位年过七旬的老人，在参加战友聚会回来之后，因脑溢血住进了医院，多亏抢救及时才保住了性命。原来，在聚会时他知道了现在战友们的生活情况要比自己好许多，留在部队的战友，有的到了正军级，当上了将军，最普通的也是师级干部；转业从政的战友中，有的成了厅局级，有的是县处级；复员转业后经商的人，更是让人刮目相看，个个财大气粗，穿着名牌，住着别墅，开着宝马……老人一想到自己，转业后只当了个小工厂的车间主任，单位效益不好，退休后养老金不多，再加上老伴生病、儿子下岗，一家人过得紧巴巴的。和人家一比，再想想自己，越比越生气，一着急差点送了命。

第九章
别忘记看看沿途的风景

俗话说:人比人,气死人。如果两个人真要攀比,就算两人都是亿万富翁,恐怕攀比的结果也不会让自己如意。正所谓"金无足赤,人无完人"。虽然两人的财富一样多,但是生活上总会有差距。如此一来,总拿自己的短处去比别人的长处,岂不是自己跟自己过不去?事物总是在不断变化的,生活中我们应保持一颗平常心,不以物喜,不以己悲,不与他人去攀比。美国作家亨利·曼肯说:"如果你想幸福,非常简单,就是与那些不如你的人,比你更穷、房子更小、车子更破的人相比,你的幸福感就会增加。"如果我们对生活现状不满意,就想一想过去的艰苦岁月,和那些仍然缺吃少穿的人比一比,给自己一点安慰,你就会感受到幸福和快乐无时不在,无处不在。而盲目的攀比,则会毁掉一个人的幸福,让人痛苦不堪。

一只乌鸦看到老鹰叼走了一只绵羊,嘴馋的乌鸦于是想:"老鹰能抓羊,我为什么就不能呢?老鹰有爪子,我也有,老鹰会飞,我也会。"最后,不甘心的乌鸦便决定仿效老鹰的样子,盘旋在羊群上空,盯上了羊群中最肥美的那只羊。它贪婪地注视着那只羊,自言自语道:"你的身体如此地丰腴,我只好选你做我的晚餐了。"说罢,乌鸦呼啦啦带着风直扑向那咩咩叫着的肥羊。

结果是:乌鸦不仅没把肥羊抓到空中,它的爪子反而被羊鬈曲的长毛紧紧地缠住了,这只倒霉的乌鸦脱身无术,只好等牧人赶过来逮住它并把它投进笼子,成了孩子们的玩物。

请不要和别人攀比,幸福不幸福、快乐不快乐只有自己知道,选择适合自己的就行了,适合自己的,就是最好的。此外,攀比心理主要来源于对他人的嫉妒,人一旦陷入了这个漩涡就难以自拔,久而久之定会损人害己。

懂得满足,适当降低自己的幸福底线,不要奢求太多,经营好现在所拥有的,人才会自得其乐,从而避免很多不必要的事情发生。克服攀比心理,生活才会充满阳光,我们才不至于让攀比毁了自己的幸福。

从前,有一只小老鼠整天被猫追来追去,它感到十分烦恼。于是,它去求见上帝,央求上帝说:"你把我变成猫吧,这样我就不用被猫追了。"

上帝答应了,把它变成了猫。可是变成猫以后,小老鼠又被狗追来追去,它觉得还是老虎比较厉害,于是又央求上帝把它变成了老虎。可是,变成老虎它还是不满足,又苦苦哀求上帝把它变成大象,上帝没办法就答应它了。小老鼠变成大象后,突然有一天它的鼻子痒得受不了,它恨不得把自己的鼻子割下来,后来从它的鼻子里边钻出来一只小老鼠。

这时,它才明白,原来做小老鼠也挺好的。从此以后,小老鼠再也不攀比了。

每个人都应该尽早认清自己,回到自己的生活中来,去寻找自己的幸福,不要总把目光放在别人的身上。就像上面这个小故事里的小老鼠一样,什么都想和别人攀比,等绕了一大圈回来,才发现,原来的自己其实也挺好的。

不和别人攀比,保持平和心态,是一种修养,也是一种生活的智慧。渴望幸福的人们,幸福就在你们自己身上,还和别人攀比什么呢?

7.荣辱不惊是生命的一道精神防线

人要有经受成功、战胜失败的精神防线。成功了要时时记住,世上的任何一样成功或荣誉,都依赖周围的其他因素,决非你一个人的功劳。失败了不要一蹶不振,只要奋斗了,拼搏了,就可以无愧地对自己说:"天空不留下我的痕迹,但我已飞过。"这样就会赢得一个广阔的心灵空间,得而不喜,失而不忧,把握自我,超越自己。

日本有个白隐禅师,他的故事在世界各地广为流传。

有一对夫妇,在住处附近开了一家食品店,家里有一个漂亮的女儿。无意间,夫妇俩发现女儿的肚子无缘无故地大起来。这使得她的父母震怒异常!在父母的一再逼问下,她终于吞吞吐吐地说出"白隐"两字。

她的父母怒不可遏,去找白隐理论,但这位大师不置可否,只若无其事地答道:"就是这样吗?"孩子生下来后,就被送给白隐。此时,他的名誉已经扫地,但他不以为然,只是非常细心地照顾那孩子,他向邻居乞求婴儿所需的奶水和其他用品,虽不免横遭白眼,或是冷嘲热讽,但他总是处之泰然,仿佛他是受人所托抚养别人的孩子一般。

事隔一年后,这位未婚先孕的女子终于不忍心再欺瞒下去了。她老老实实地向父母吐露实情:孩子的生父是在鱼市工作的一名青年。

她的父母立即将她带到白隐那里,向他道歉,请他原谅,并将孩子带回。

217

　　白隐仍然是淡然如水，只是在交回孩子的时候，轻声说道："就是这样吗？"仿佛不曾发生过任何事，即使有，也只像微风吹过耳畔，霎时即逝！

　　白隐为了给邻居的女儿以生存的机会和空间，代人受过，牺牲了为自己洗刷清白的机会，受到人们的冷嘲热讽。但是他始终处之泰然，"就是这样吗？"这平平淡淡的一句话，就是对"荣辱不惊"最好的解释，反映出白隐的修养之高、道德之美。

　　人生无坦途，在漫长的道路上，谁都难免要遇上厄运和不幸。人类科学史上的巨人爱因斯坦，在报考瑞士联邦工艺学校时，竟因三科不及格落榜，被人耻笑为"低能儿"。小泽征尔这位被誉为"东方卡拉扬"的日本著名指挥家，在初出茅庐的一次指挥演出中，曾被中途"轰"下场，紧接着又被解聘。

　　为什么厄运没有摧垮他们？因为在他们眼里始终把荣辱看作是人生的一种磨练。假如他们没有当时的厄运和无奈，也许就没有日后绚丽多彩的人生。

　　19世纪中叶美国有个叫菲尔德的实业家，他率领工程人员，要用海底电缆把"欧美两个大陆连接起来"。为此，他成为美国当时最受尊敬的人，被誉为"两个世界的统一者"。在举行盛大的接通典礼上，刚被接通的电缆传送信号突然中断，人们的欢呼声变为愤怒的狂涛，都骂他是"骗子"、"白痴"。可是菲尔德对于这些毁誉只是淡淡地一笑。他不作解释，只管埋头苦干，经过几年的努力，最终通过海底电缆架起了欧美大陆之桥。在庆典会上，他没上贵宾台，只是远远地站在人群中观看。

当菲尔德遇到难以忍受的厄运时，通过自我心理调节，然后做出正确的选择，在实际行为上显示出强大的意志力和自持力，这就是一种理性的自我完善。

世上有许多事情是难以预料的，有成功，也有失败。人的一生，有如簇簇繁花，既有鲜艳耀眼之时，也有暗淡萧条之日。

面对成功或荣誉，要像菲尔德那样，不要狂喜，也不要盛气凌人，把功名利禄看轻些，看淡些；面对挫折或失败，要像爱因斯坦、小泽征尔那样，不要忧悲，也不要自暴自弃，把厄运羞辱看远些，看开些。

荣辱不惊，以一种"平常心"看待一切，坦然以对。有名有利，你是你，无名无利，你还是你。始终保持朴素纯洁的做人的本色，实实在在真真切切从从容容走你的人生之路！

第十章

找到自己的优势

每个人都有自己的优势，只有找到了自己的优势，你才能在相应的行业内做得得心应手，最终获得成功。

1.每个人都有自己的优势

每个人都潜藏着独特的天赋,这种天赋就像金矿一样埋藏在我们的身体里,那些总在羡慕别人而认为自己一无是处的人,是永远挖掘不到自身的金矿的。

每个人都有自己的优势,要懂得发挥自己的优势,选择属于自己的人生路。也许这条路不是最好的,但却是最适合我们的,这样我们的人生道路上才会洒满阳光。

有一句话说得好:"天才是放对位置的人。"多元智能大师迦德纳博士也说过:"人人都有其优势智能,而这优势智能有待被唤醒,看见自己的天才,是敲开生命宝藏的一块砖石。"

有一个小男孩,因为家境贫寒,总是吃不饱,人长得很瘦弱,经常被邻居家的孩子欺负。于是他决定去学习武术,好打败那些欺负过他的人。可是由于他身体瘦弱,没有老师肯收他。小男孩很失望,他想:"难道我就注定一辈子要被人欺负吗?"他甚至有了轻生的想法。就在小男孩非常痛苦的时候,一位眼睛看不见的师傅找到了他,说愿意收小男孩做自己的徒弟。

小男孩非常高兴,可是这个师傅毕竟是个盲人,他多少有些失望。不过他又一想:"如果他看见我长得这么瘦小一定也不会教我武术的,不管这么多了。既然他看不见那我就不和他说了。"这样一想,小男孩就放宽心了。

人生　就像
自行车

小男孩开始每天跟随师傅学习武术,可是很奇怪,师傅并不教他搏斗的技巧,而是每天只让他跑来跑去,或者锻炼腿脚。小男孩很不理解,心想:"这位师傅不会武术吧?他怎么天天只教我这些呀?"

过了3个月,师傅还是让小男孩练习这些。他终于忍不住了,"您每天都让我做这些,为什么不教我一些其他的功夫呢?你每天只让我练习这些,我肯定打不败那些欺负我的人的。"师傅笑了笑,说:"那可不一定,要不要去试试?"小男孩根本就不相信自己会成功,没敢去找那些欺负过他的人。

可是有一天在回家的路上他却遇到了那群经常欺负他的孩子,他正想逃跑却被拦了下来。当那些孩子打他的时候,他便灵活地躲闪着,他惊奇地发现自己移动的速度非常快,那些孩子根本没有办法接近他,这时他才明白师傅的用意。

第二天,他把打架的事情告诉了师傅,师傅对小男孩说:"你的身体比较瘦小,我根据你自身的优势才教给你这样的功夫。"小男孩这才明白,原来师傅早就已经知道自己身体瘦小的事情了,师傅所做的一切真是煞费苦心。这个盲人师傅是在发掘小男孩的优势来教他武术啊!

这个小男孩的例子告诉我们,其实每个人都有自己的优势,如果把它挖掘出来,好好利用,就会取得意想不到的结果。只有发挥自己的优点,才能真正地提高自己,使自己立于不败之地。所以相信自己吧,你并没有自己想象的那样弱。

据美国社会学专家研究,每个人的智商、天赋都是均衡的,即每一个人都会在拥有优势的同时具备劣势。那些成功人士并不是全才,而是他们懂得发挥自己的优势、规避自己的劣势。我们要清楚自己的优势，了解自己的长处，将自己的价值展现出来，这样才会取得属于自己的成功。

香港"湾仔码头"品牌的速冻饺子非常受欢迎，而其创始人臧健和女士，则是凭借自身优势创造财富的典型代表。

臧健和女士是山东人，作为北方人的她包饺子十分在行。年轻时，她辗转来到香港，开始了创业之路。一开始，她搞过股票、房地产等投资，但都失败了。

后来，她想到了自己包饺子的手艺，就想把它当作自己终生的事业来发展。她想：自己对别的行业都不熟悉，可是包饺子却非常熟练，这不就是自己的优势吗？优势利用好了就是机遇啊。

下定决心后，臧健和女士就开始了包饺子的事业。第一天卖饺子，她的心情忐忑不安。当时有几个打网球的年轻人，循着香味走了过来。他们说，他们从来没见过"北方水饺"，想尝一尝。臧健和女士把水饺端给他们，然后盯着他们的表情。没想到几个年轻人异口同声地说好吃。每个人又都吃了第二碗。

就这样，臧健和女士的事业顺利开始了。不过时间一长，问题也就来了。有一次，她在码头卖水饺，发现一位顾客吃完水饺后，把饺子皮留在碗里，她忍不住上前询问。那个顾客毫不客气地告诉她说："你的饺子皮厚得像棉被一样，让人怎么下得了口？"

的确，臧健和女士最初的水饺是典型的北方包法，皮厚、味浓、馅多、肥腻，并不适合香港人的饮食口味。于是，她针对香港人的口味对饺子加以改进，最后制作出了让香港人称赞的水饺。

就这样，臧健和女士的事业一步步发展壮大，最终创立了"湾仔码头"品牌，成为华人地区销量名列前茅的饺子品牌。在事业成功后,她无尽感慨地说:"在我刚到香港的时候,好多人都劝过我做其他生意,可我说我就会包饺子。现在回过头来再看,我的选择是正确的,这个行业我非常熟悉,无论调馅还是擀皮,这都是我所精通的,这就是我成功的关键。"

不管是从事何种职业的人,都必须认识到自己的潜能,确定最适合自己的发展方向,否则很可能就埋没了自己的才能,最终一事无成。只有找准自己的位置,你的才能才会最大限度地爆发。

每个人都有自己的优势,只有找到了自己的优势,你才能在相应的行业内做得得心应手,最终获得成功。

2.没有人比你更了解你自己

在古希腊帕尔索山上的一块石碑上,刻着这样一句箴言:"你要认识你自己。"卢梭曾经这样评论此碑铭:"比伦理学家们的一切巨著都更为重要,更为深奥。"显然,认识自己是至关重要的。

在生活当中,我们会发现,一个人如何看待自己与其自信心的强弱有关,自信心强的人能比较客观地看待自己的潜力,而自卑的人则会对自己有所贬低。多数情况下,一个人如果觉得自己是个乐观向上的人,就会表现得乐观向上;如果觉得自己是个内向而迟钝的人,那很可能就会表现得内向、迟钝。

认识自己、看清自己的优缺点,无论对取得事业上还是生活中的成功都会起到至关重要的作用。

意大利著名影星索菲娅·罗兰在半个世纪以来出演了70多部影片，她动人的风采、卓越的演技给人们留下了深刻的印象。1961年，她获得了"奥斯卡最佳女演员"奖。很多导演都由衷地说，与索菲娅·罗兰的美丽相比，奥斯卡简直不值一提。

然而，她的从影之路并不是一帆风顺的。

16岁时她一个人来到了罗马，但是，成功的路并不平坦。刚到罗马时，她听到的是自己个子太高、臀部太宽、鼻子太长、嘴巴太大等非议，说她没有一点做演员的资格。

不过很幸运的是一位制片商看中了她。看中了她并不代表她的事业会一帆风顺，索菲娅·罗兰去试了许多次镜，但摄影师都抱怨说无法把她拍得更美艳动人。制片商听到了摄影师的抱怨，于是找到了索菲娅·罗兰并对她说："索菲娅，如果你真想干这一行，我建议你把你的鼻子和臀部'动一动'，做一次整容手术，那样就会更好些。"

但是索菲娅·罗兰是个有主见、不愿意随波逐流的人，她断然拒绝了制片商的要求。在她的心里，始终坚持着这样一个原则：我就是我自己，只有做好了自己，我才能向别人学习。

索菲娅·罗兰要靠自己内在的气质和精湛的演技来征服观众，于是她找到了制片商，对他说："对不起，我不能这样做，我就是我自己，只有做好了自己，我才能向别人学习，这是我的原则。虽然我的鼻子太长，但它是我脸庞的中心，它赋予了我脸庞的独特个性，我很喜欢它。至于别人怎么说，我无法改变，因为嘴长在他们的脸上。我只要坚持我的原则就够了。"

虽然很多议论对索菲娅·罗兰很不利，但她没有因为别人的议

人生 就像
自 行 车

论而停下自己奋斗的脚步,反而越挫越勇。从17岁正式进入电影界,她一生拍了70多部影片。索菲娅·罗兰的演技达到了炉火纯青的程度,得到了观众的认可。

她刚出道时遭到的那些诸如鼻子长、嘴巴大、臀部宽等议论都不见了,她得到了更多的好评,以前的缺点则成为当时评选美女的标准。20世纪末,索菲娅·罗兰已经60多岁了,但是,她仍然被评为了当时"最美丽的女性"之一。

当后来有人问起索菲娅·罗兰的成功时,她是这样回答的:"我谁也不模仿。我不去跟着时尚走。我只做我自己。当你把自己独特的一面展示给别人的时候,魅力也就随之而来了。"

有位名人曾经说过:"当你认识清楚自己后,如果能扬长避短,认准目标,抓紧时间把一份工作或一门学问刻苦认真地做下去,久而久之,自然会结出丰硕的果实。"

美国跳水运动员格里格·洛加尼斯开始上学的时候很害羞,在讲话和阅读上遇到了困难,为此他受到同伴的嘲笑和捉弄。这令洛加尼斯非常沮丧和懊恼,但他发现自己非常喜欢并且精通舞蹈、杂技、体操和跳水。他知道自己的天赋在运动方面而不是学习。当认清这些之后,他开始专注于舞蹈、杂技、体操和跳水方面的训练,以期脱颖而出,赢得同学们的尊重。由于他的天赋和努力,他开始在各种体育比赛中崭露头角。

在上中学时,洛加尼斯发现自己有些力不从心了,因为无论是舞蹈、杂技、体操,还是跳水,都需要辛勤的付出,他不可能有时间和精力去做这么多事。他知道自己必须要有所舍弃了,只能专注于一个目标。

但他不知要舍弃什么、选择什么。这时,他幸运地遇到了他的恩师乔恩——一位前奥运会跳水冠军。经过对洛加尼斯的观察和询问后,乔恩得出结论:洛加尼斯在跳水方面更有天赋。洛加尼斯在经过与老师的详细交谈后,认为自己的确更喜欢跳水些,他认识到以前之所以喜欢舞蹈、杂技、体操,是因为这些可以使他跳水更得心应手,可以为跳水带来更多的花样和技巧。他豁然开朗,于是专心投入到跳水中去。

经过专业训练和长期不懈的努力,洛加尼斯终于在跳水方面取得了骄人的成就。由于对运动事业的杰出贡献,洛加尼斯在1987年获得世界最佳运动员和欧文斯奖,达到了运动员荣誉的顶峰。

我们每个人都有属于自己的使命,当我们清楚地认识到自己的使命时,我们才能生活得快乐、幸福。有人适合做将军,有人适合当士兵。如果适合做士兵的人以做将军为目标,那么只会一生痛苦不堪,受尽挫折。所以,认清自己才是关键。

认识自己是一件很难的事,但同时也是一件很幸福的事,只有充分认识了自己,做到"没有人比你更了解你自己",最终才知道你到底行不行,从而走出自己的人生之路。

3.模仿得再像,"赝品"还是"赝品"

每个人都是这个世界独一无二的个体,有着上天赋予的独特能力和天赋,所以我们没有必要去羡慕别人,更没有必要去模仿别人。

人生 就像
自 行 车

　　模仿别人无法开创属于自己的一片天地,唯有"肯定自己,扮演自己",将自己拥有的特色发挥到极致,生命才能精彩。如果我们陷入模仿别人的怪圈中,我们永远不能展现出真实的自我。

　　春秋时代,越国的美女西施,其美貌到了倾城倾国的程度。无论是她的举手投足,还是她的音容笑貌,样样都惹人喜爱。西施略施淡妆,衣着朴素,走到哪里,哪里就有很多人向她行注目礼,没有人不惊叹她的美貌。

　　西施患有心口疼的毛病。有一天,她的病又犯了,只见她手捂胸口,双眉皱起,流露出一种娇媚柔弱的女性美。当她从乡间走过的时候,人们无不睁大眼睛注视。

　　乡下有一个名叫东施的女子,不仅相貌难看,而且没有修养。她平时动作粗俗,说话大声大气,却一天到晚做着当美女的梦。今天穿这样的衣服,明天梳那样的发式,却仍然没有一个人说她漂亮。

　　这一天,她看到西施捂着胸口、皱着双眉的样子竟博得那么多人的注目,因此回去以后,她也学着西施的样子,手捂胸口、紧皱眉头,在村里走来走去。哪知这女子的矫揉造作使她原本就丑陋的样子更难看了。乡间的富人看见丑女的怪模样,马上把门紧紧关上;乡间的穷人看见丑女走过来,马上拉着妻子、带着孩子远远地躲开了。

　　每个人都有不同的特质。东施效颦为什么很丑,就是因为东施把别人的东西生硬地搬到自己身上。或许东施本来不丑,但她因为扭曲了自己的个性,硬学西施的样子,最终贻笑大方。所以,尊重上苍给你的特点,那才是适合你的,一味地模仿只会徒增烦恼。

　　真实总能在关键时刻为我们的成功加重砝码。模仿他人,永远

228

得不到一个完整的自己,更不要说发展了。

福特车的制造商曾经这样说过:"所有的福特轿车从性能到款式完全相同,但是,我们却找不出完全一样的两个使用者。"每个人的个性、形象、人格都有其潜在的创造性,完全没有必要一味地模仿他人。卡内基有一句名言:"整日装在别人套子里的人,终究有一天会发现,自己已经变得面目全非了!"

一只麻雀,总想学孔雀的样子。孔雀的步法是多么骄傲啊!孔雀高高地扬起头,展开尾巴上美丽的羽毛,那开屏的样子是多么漂亮啊!"我也要像这个样子。"麻雀想,"那时候,所有的鸟赞美的一定会是我。"于是,麻雀伸长脖子,抬起头,深吸一口气让小胸脯鼓起来,张开尾巴上的羽毛,也想来个"麻雀开屏"。麻雀学着孔雀的步法前前后后地踱着方步。可没过一会儿,麻雀就感到十分吃力,脖子和脚都疼得不得了。最糟的是,其他的鸟,趾高气扬的黑乌鸦、时髦的金丝雀,还有蠢笨的鸭子,全都嘲笑它。不一会儿,麻雀就觉得受不了了。

"我不玩这个游戏了,"麻雀想,"我当孔雀也当够了,我还是当个麻雀吧!"但是,当麻雀还想象原来那个样子走路时,已经不行了。它再没法子走了,除了一步一步地跳动外,再没别的办法了。这就是为什么现在麻雀只会跳不会走的原因。

"总是模仿别人"是一个坏习惯,它会让你变得更加没有性格,没有主见。如果你善于发现自己的优点,敢于独辟蹊径,培养自己的个性,你将会成为一个与众不同的人。

河南和山东交界处有个小村子,高速公路紧靠着村子,来往的客车非常多。由于该村是这条公路的一个大站,因此有很多客车在夜里要在这里休息。这样一来,旅客的食宿就成了问题。村民常伟在这里面看到了商机,于是在这条公路旁开了一家饭店,生意十分兴隆。

同一个村的郭伟看到常伟的生意非常好,便也想在常伟的饭店旁边再开一家饭店,希望也能大赚一笔。可是他的朋友却极力劝阻,并建议他开一家冷饮专卖店,郭伟百思不得其解。朋友对他解释说,常伟的饭店已经基本上满足过往旅客的需要了,再开与他一样的店已经没有市场了,只可能引起恶性竞争。与其模仿他,不如提供他所未提供的服务。郭伟听了后,觉得很有道理。于是,在这条高速公路旁,旅客们可以去常去的饭店吃饭,也能到郭伟的冷饮店喝酒水,就这样,常伟和郭伟的生意越做越好。

一味地模仿别人,盲目地去进行尝试,有时非但不能取得成功,反而会得不偿失。

玛格丽特·麦克布雷刚刚进入广播界的时候,想做一个爱尔兰喜剧演员,结果失败了。后来她发挥了她的本色,做一个从密苏里州来的、很平凡的乡下女孩,结果成为纽约最受欢迎的广播明星。

卓别林开始拍电影的时候,那些电影导演都坚持要卓别林学当时非常有名的一个德国喜剧演员,可是卓别林直到创造出一套自己的表演方法之后,才开始成名。

所有的树叶看上去都一样,而仔细观察后却发现不可能找到两片完全相同的叶子。人亦是如此,我们每个人都有与生俱来的特质。正是有了这种差异,我们的世界才会更加丰富多彩。总之,在生活中，一味地模仿很难获得成功，也很难获得幸福。保持自己的本色，在顺其自然中充分发展自己是最明智的。模仿他人，则永远只能做一个无人赏识的"赝品"。

4.不要让缺陷干扰了自我定位

对于一个人来说，缺陷确实是一件非常残酷的事情，可是却不能因此自卑消沉。既然缺陷无法改变，那么就要正视它，把它当成前进的动力，这样一来，缺陷也就有了价值，你的自我定位才不会受到它的干扰。

"假如我能站起来吻你，这个世界该有多美啊！"

这是张海迪对自己的丈夫说过的一句话。是的，"假如我能站起来吻你，这个世界该有多美啊！"可是，张海迪不能站起来了，命运让她坐在轮椅上度过她的一生。那么，在张海迪的眼里，这个世界就不美了吗？不是，在张海迪的眼里，这个世界依然美丽，只是自己只能坐在轮椅上欣赏这个世界的美丽。缺憾留在心里但不妨碍她笑对世间的心情。她有一个爱她的丈夫，有一个令许多健全人都羡慕的温馨的家庭。她不会因为自己的残疾逃避世人的目光。相反，她更注重与人的沟通。她会让别人给她倒水、会让人帮她拿放在高处的东西、会让人推着她出席各种活动。做这些的时候，她丝毫不会自卑、羞于见人。所以，她活得洒脱，活得幸福。

幼时的张海迪与常人无异,她也爱唱、爱跳、爱玩、爱闹。但不幸在她5岁时降临了。那时,她被确诊为脊髓血管瘤,经过了多次脊椎穿刺之后,病情仍不见好转。

1973年全家人从农村返回莘县县城,那时的张海迪最想要的就是工作,她盼望能早日成为自食其力的人,但由于身体条件所限,她一直待业在家。为此,她曾给党中央、国务院、省委写信,请求他们关心一下残疾人的生活与工作,可是一封封信都如泥牛入海,一点音讯也没有。深深的自卑感困扰着她,特别是当她无意间发现了自己的病历卡,"脊椎胸五节,髓液变性,神经阻断,手术无效"赫然映入眼帘时,张海迪萌发了轻生的念头。

但在家人的帮助下,张海迪的情绪逐渐稳定了下来。

冷静思考之后,张海迪学起了针灸、诊断以及医学并为周围的人治病。在不断地学习和帮助他人的过程中,她看到了自己的价值,并从自卑的阴影中走了出来,最终活出了自信和光彩。

美国的国会议员爱尔默·托马斯曾说:

我15岁时,常常为忧虑恐惧和自卑所困扰。比起同龄的少年,我长得实在太高了,而且瘦得像根竹竿。我有6.2英尺高,体重却只有118磅。除了身体比别人高之外,在棒球比赛或赛跑各方面我都不如别人。他们常取笑我,封我一个"马脸"的外号。我的自卑感特强,不喜欢见任何人,又因为住在农庄里,离公路远,也碰不到几个陌生人。

如果我任凭烦恼与自卑占据我的心灵,我恐怕一辈子也无法翻身。一天24小时,我都在为自己的身材自怜。别的什么事也不能想。我的尴尬与惧怕实在难以用文字形容。我的母亲了解我的感受,她曾当过教师,她告诉我:"儿子,你得去接受教育,既然你的体能状况如此,你只有靠智力谋生。"

可是父母无力送我上学,我必须自己想办法。我利用冬季捉到一些貂、浣熊、鼬鼠类的小动物,春天时出售得了4美元。再买回两头猪,养大后,第二年秋季卖了40美元。以这笔钱,我到印地安那州去上师范学校。住宿费一周1.4美元,房租每周0.5美元。我穿的破旧衬衫是我妈妈做的,为了不显脏,她有意用咖啡色的布,我的外套是父亲以前的,他的旧外套、旧皮鞋都不适合我。我没有脸去和其他同学打交道,只有成天在房间里温习功课。我内心深处最大的愿望是有一天能在服装店买件合身而体面的衣服。

面对如此悲惨的处境、生理的缺陷和生活的贫穷,托马斯没有消沉,在克服了自卑之后他的人生之路越来越顺利,50岁那年,托马斯成为了俄克拉荷马州的国会议员。

愈研究那些有成就的人,你就会愈加深刻地感觉到,他们之中有非常多的人之所以成功,是因为他们开始的时候有一些缺陷,从而促使他们加倍地努力。正如威廉·詹姆斯所说的:"我们的缺陷对我们有意外的帮助。"

在现实之中,我们不能不承认自己在某些方面"确不如人",这是很自然的事。

但是,这种现实的差距并不代表我们就是一个没有能力的"低能儿",更不应把这种差距变为给自己降低定位的借口。

在成功与失败之间,在自信与自卑之间,其实仅有一步之遥。

我们有各自的缺陷,但我们也有自己突出的优点。突出你的优点,正视你的缺陷,给自己定好位吧!

5.打破劣势局面,形成新的优势

每件事都存在着两面性,有时看似完美的事,未必就代表着圆满,而反过来,有所缺憾的事,有时可能会从另一方面带给人意想不到的惊喜。用西方人的话说就是:"当上帝对你关上一扇门的时候,定会为你开一扇窗。"

国王有七个女儿,这七位美丽的公主是国王的骄傲。她们那一头乌黑亮丽的长发远近皆知。国王送给她们每人一百个漂亮的发夹。

有一天早上,大公主醒来,一如往常地用发夹整理她的秀发,却发现少了一个,于是她偷偷地到二公主的房里,拿走了一个发夹。

二公主发现少了一个发夹,便到三公主房里拿走一个发夹;三公主发现少了一个发夹,也偷偷地拿走四公主的一个发夹;四公主如法炮制拿走了五公主的发夹;五公主一样拿走六公主的发夹;六公主只好拿走七公主的发夹。于是,七公主的发夹只剩下了九十九个。

隔天,邻国英俊的王子忽然来到皇宫,对国王说:"昨天我养的百灵鸟叼回了一个发夹,我想这一定是属于公主们的,这真是一种奇妙的缘分,不晓得是哪位公主丢了发夹?"

公主们听到这件事,都在心里说:"是我丢的,是我丢的。"

可是她们头上明明完整地别着一百个发夹,所以都懊恼得很,却又说不出。只有七公主走出来说:"我丢了一个发夹。"

话音刚落,七公主一头漂亮的长发因为少了一个发夹,全部披散了下来,王子不由地看呆了。故事的结局,当然是王子与七公主从此一起过着幸福快乐的日子。

如果说前六位公主的一百个发夹代表着一种圆满、完美的人生,那么七公主少了一个发夹,她的人生也就等于有了缺憾,但是事实上,得到幸福的正是她,正因为这种缺憾的存在,让未来产生无限的可能性。无限的意外、无限的新鲜未知,未尝不是一件值得开心的事。

其实,哪有没有缺憾的人生,问题只在于不同的人,用不同的心态去面对,而有了完全不同的结果。世上的事常常不止有一种答案,对于很多事的判断都不能简单地归结为好与不好。问题是当我们做得和别人一样,是不是就代表是最好的呢?是不是就适合自己呢?

"金无足赤,人无完人",既然每个人都有缺点、毛病、缺陷,那么,我们何不忽略这一切,或是干脆将所有的欠缺化作特色,活出自己的棱角和个性,演绎出自己的那份精彩?

人们常说的一句话是:失败并不可怕,可怕的是自己不敢面对失败。而对于缺陷,我们要说的是:有缺陷并不可怕,可怕的是一个人总也忘不了自己的缺陷,总是斤斤计较,放在心上,而不懂得回避它、忽略它,乃至遗忘它。

我们所在的这个时代,常常是一个以结果论英雄的时代,这是因为在忙碌繁华、高速运转的城市中,每个人都希望并都努力创造着自己的那片天空,搭建着自己的那座舞台,每个人的时间都有限,并不会总是留心别人,更不会总是留意你的缺陷,人们只会为你在生活和工作中最终展现的才华和能力叹息或喝彩。

俗话说:"台上一分钟,台下十年功。"换个角度理解也就是说,台下你所做的,别人是看不见的,人们所关注的只是你在台上所表现出的能力和成果。台下不为人知的一面,包括你的不足和缺陷、你克服它们的过程,只要你自己不总是提起,旁人也不会提起,你在台上的精彩才是最重要的。

美国前总统富兰克林·罗斯福在8岁时是一个非常脆弱胆小的男孩,他脸上的表情总是惶恐的,他的呼吸就像跑步后的喘气一样。他一旦被老师叫起来回答问题,立即就会双腿发抖,嘴唇不停颤动,回答得也含糊不清,最后只能重新坐下来。此外,因为长有一口龅牙,他也不讨人喜欢。

换成其他的孩子,一定会对自身的缺陷十分敏感。但富兰克林·罗斯福却从不自怨自艾,他依然保持着积极乐观的心态和奋发进取的渴望。

他不因自己的缺陷而气馁,甚至加以利用攀到成功的巅峰。就是凭着这种奋斗精神,凭着这种积极心态,他最终成为了美国总统。

在他晚年的时候,已经没有人再关注他曾有过的严重缺陷了。他用自己的人格魅力赢得了美国民众的爱戴。

罗斯福用他的骄傲,彻底战胜或者说摆脱了自己的先天缺陷,在他所擅长的领域,做出了比一般人更加出色的成就。

掌握局势,突破局限性,才能形成新的优势。在把劣势转化为优势的过程中,需要智慧,不能盲目,但同时非常重要的一点是,你要非常熟悉你所在的环境以及背景,甚至要做到眼观六路,耳听八方,综合各种因素。只有对全局有通透、全面的了解,你才能知道什么是目前社会所缺乏的稀有资源,也就是什么是优势,也才能把握好时间和空间的各种客观要素,最大限度地把劣势变成优势。

当一个人面对困境、危难的时候,学会把劣势转化为优势就更为关键,从而令人绝处逢生、平稳地渡过难关。

当阿诺德·施瓦辛格成为一名职业演员的时候,他有一个弱点:浓重的奥地利口音。这本来是一个弱点,但是当奥地利口音和他扮演的动作英雄的魅力混合在一起出现在屏幕上的时候,他的弱点就变成了优点。奥地利口音成为他所塑造人物的一个特征,人们也纷纷仿效。

美国电视台的一个节目中曾有一个杰出的踢踏舞舞者,他被称为"木腿贝茨"。贝茨在早年失去了一条腿,但是对于贝茨来说,失去一条腿不是他的弱点,因为他把这种弱点变成了一种优势。他把一个踢踏板安装在木腿的底部发展出一种切分音式的踢踏舞风格,使他在演出中脱颖而出。

基金募集大师迈克尔·巴斯奥福因为将不被看好的成员发展为最好的基金募集人而震惊了西方世界。他知道弱点可以转化为优点。比如说,如果基金会有一个"害羞"的秘书和他一起工作,他就会让那位"害羞"的秘书成为"最佳的倾听者"。很快地,捐赠的人都迫不及待地要同这位害羞的员工谈话,因为她是一个绝佳的倾听者,她让说话的人感到自己非常重要。

美国励志大师史蒂克·钱德勒早年的一个弱点是同别人谈话有障碍。他对自己同别人交谈的能力没有自信,因此养成了给别人写信和写便条的习惯。熟能生巧,过了一段时间,他成了写信和写便条的高手,他写的信和便条拓展了他的关系网。

我们的所有弱点都是可以转化的，只要用足够的时间来思考它。一旦我们真正开始思考自己的弱点，弱点就很可能变为长处，使劣势转化为优势，种种创新的可能性也就将不断地涌现出来。

6.机遇不等人，善于"推销"自己很关键

在竞争激烈的今天，想做大事业，必须放弃那些不痛不痒的"面子"，更新观念，大胆地推荐自己。

常言道："勇猛的老鹰，通常都把它们尖利的爪牙露在外面。"巧妙而适度地推荐自己，是变消极等待为积极争取、加快自我实现的重要手段。精明的生意人，想把自己的商品推销出去，总得先吸引顾客的注意，让他们知道商品的价值。要想恰如其分地"推销"自己，就应当学会展示自己，最大限度地表现出自己的优势。

对于一个刚刚毕业的大学生来说，一定要学会推销自己。如果你和其他同期毕业生一样，只会散发履历表，墨守成规地做事，绝不会有什么出人意料的结果。如果你想短期内就有好消息，你就必须另辟蹊径，敢于推荐自己。其中，采用主动引起他人关注的方法就是一种捷径。

我们之所以要主动推荐自己，引起别人的关注，主要是因为机遇是珍贵的、可遇不可求的、稍纵即逝的，如果你能比同样条件的人更为主动一些，机遇就更容易被你掌握。因此，主动出击是俘获机遇的最佳策略。另外，世界上总是"伯乐"在明处，"千里马"在暗

处,并且"千里马"多而"伯乐"少。"伯乐"再有眼力,他的精力、智慧和时间都是有限的,等待可能会耽误你的一生。既然我们都知道"守株待兔"的行为是愚蠢的,那么我们就没有必要去坐等"伯乐"的出现,而应该主动寻找"伯乐"。更值得注意的一点是,时代在前进,岁月不饶人,随着新人辈出,每个立志成才者都应考虑到自己所付出的时间成本。一次机遇的丧失,便可能导致几个月、几年甚至是一辈子年华的错位。明白了这个道理,我们就会有一种紧迫感,在行动上更多几分主动,以便有更多的机会,使更多的人来注意自己。

但是,毛遂自荐对很多人来说并不是一件容易的事情,需要一定的胆识和勇气。

世界歌王帕瓦罗蒂到中国来的时候,去中央音乐学院做访问。学生都在争取机会,以求能在这位歌王面前一展歌喉。要知道,这可是一个难得的机会,哪怕是得到歌王的一句肯定,也足以引起中外记者们的大力宣传,从而加快自己在歌坛的发展。在一间教室里,帕瓦罗蒂正耐心地听学生演唱,不置可否。正在沉闷之时,窗外有一男生引吭高歌,唱的正是名曲《今夜无人入睡》。听到窗外的歌声,帕瓦罗蒂的眉头舒展开了:"这个学生的声音像我。"接着他又对校方陪同人员说:"这个学生叫什么名字?我要见他,并收他做我的学生!"这个在窗外唱歌的男孩就是从陕北山区来的学生黑海涛。以他的资历和背景,很难有机会面见到帕瓦罗蒂,他只能凭借歌声来推荐自己。后来,在帕瓦罗蒂的亲自安排下,黑海涛得以顺利出国深造。1998年,意大利举行世界声乐大赛,正在奥地利学习的黑海涛写信给帕瓦罗蒂。于是,帕瓦罗蒂亲自给意大利总统写信,推荐他参加音乐大赛,黑海涛在那次大赛上获得了名次。黑海涛凭着他那敢于推荐自己的勇气和不断努力的精神, 在音乐道路上取得了非凡的成就,现在黑海涛已经是奥地利皇家歌剧院的首席歌唱家。

这个例子足以让人们沉思:机遇稍纵即逝,善于推荐自己很关键。著名数学家华罗庚也曾说过:"下棋找高手,弄斧到班门。"应敢于在能人面前表现自己,敢于和高手"试比高"。

机会可遇不可求,机会在很多时候是由我们主动争取的,那些不敢也不愿意推荐自己的人,往往会与机会失之交臂。所以,如果你是一个真正有才华有特长的人,关键的时候大可不必过分"压制"自己,要适时做好自我推荐,以求得发展的机遇。

7.寻找自己的天赋

"天生我才必有用"绝不是一句空话,只要你找到自己的天赋并将它发扬光大,事业上获得成功、实现自身价值、拥有更好的生活都不是可望而不可即的事。

狮子再唯我独尊,也不会去同大象比谁的鼻子长;豹子再不可一世,也不会去同鲸鱼比谁的水性好;再强悍的人,也不会处处去同别人的强项进行比较。对于我们每个人来说,对自己真正有益处的事情并不是不断去发掘自己的缺点、缺陷和不足之处,继而打击自己,而是要时刻发掘自己的天赋,建立自信和骄傲。

　　1978年4月1日,胡厚培迎来了他的第一个孩子——胡一舟。就像愚人节的一个玩笑一样,他很快发现自己的孩子智力有问题,并通过医院得到了证实。医生告诉他:舟舟的基因发生了变异,这种情况在医学上被认为是先天愚型患者,属于智力残疾,并且是医治不了的。20年的时光弹指而过,胡一舟的智商一直在30左右的水平,而正常人的智商则在70以上。二十余岁的他,只会从1数到5。他厚厚的作业本里只有一道三加二等于五的数学题。因为语言障碍,没有逻辑思维能力,他无法上学,几乎不识字。尽管父亲不断用自己的爱心和耐心来培养儿子的智力,不厌其烦地教儿子数数,写简单的字,但是,无论胡厚培动多少脑筋,制作多少卡片,舟舟就是学不会。

　　但是先天的愚钝并没有遏止舟舟对音乐的感悟,在乐团工作的父亲经常把他带在身边,并参加乐队的排练。或许是从小就不断受到熏陶的缘故,长期的耳濡目染使舟舟爱上了音乐,当乐队演奏的时候,他经常不由自主地舞动双臂,好像他在指挥着乐队演奏一样。一次偶然的机会,舟舟竟拿着指挥棒成功地指挥了乐队的一次演奏,让大家感到无比惊讶和意外。这个连最简单的数字都不会数,甚至连自己的名字都不会写的孩子,竟然能表现出交响乐中的节奏、强弱、声部的转换等,并且把老指挥的动作模仿得惟妙惟肖。

　　自此,6岁时,他的天赋便被乐团首席第二小提琴手刁岩发现,从此刁岩成了舟舟的指挥老师。经过十多年的音乐熏陶,舟舟能熟记十多部中外名曲的旋律,并能惟妙惟肖地模仿乐团指挥家的指挥动作。几年以后,舟舟成了世界上第一个患有智力残疾的指挥家,声名传遍了世界。

人生　就像
自　行　车

舟舟是个幸运的孩子,及早地放弃了在其他方面的努力,发现了别人不具备的音乐天赋。作为一个智力有欠缺的人,他在指挥的时候是快乐的,而看他指挥的观众也是快乐的。在这种对音乐的追求中,他获得了精神的满足,从而让他的人生具有非凡的意义。

如果我们教乔丹去踢足球,那么我们将失去一位伟大的篮球巨星;如果我们教马拉多纳去打篮球,结果也一样。爱因斯坦做不了科学家,贝多芬也做不了音乐家,天才只属于某一专长的领域,而不可能、也没有必要精通一切。在这个世界上,没有全才,所以,一个人有某方面的缺憾绝不代表他整个人生的失败。请相信,每个生命都有其存在的理由,每个生命也都有其精彩的一面。

无疑,很多时候,追求完美的心态会令很多人一旦有了某种缺憾,便立刻一心想着去修补、弥补。但是反过来想想,缺憾本身不也是一种美吗?即便不是美,抛开缺陷,我们身上总还有美的地方,我们为什么不学会欣赏自己的美,而要苦苦去关注自己的不足呢?其实,只要满怀信心地面对自己、欣赏自己,寻找自己的天赋,运用天赋的力量,向着渴望的目标步步推进,早晚会收获成功。

16岁的时候,哈里斯还在读高中,有一天,他被学校聘请的一位心理学家叫到办公室。这位心理学家说:"哈里斯,对于你各方面的情况我都仔细研究过了。"

哈里斯说:"我一直很用功的。"

"问题就在这儿,"心理学家说,"你一直很用功,但进步不大。高中的课程看起来有些力不从心,再学下去,恐怕你就是在浪费时间了。"

哈里斯痛苦地用双手捂住了脸:"那样我爸爸妈妈会难过的,他们一直期望我上大学。"心理学家用一只手抚摸着哈里斯的肩膀，说："人们的才能各种各样，工程师不识简谱，或者画家背不全九九乘法表，这都是可能的。但每个人都有特长，你也不例外。终有一天，你会发现自己的特长，你爸爸妈妈会为你骄傲的。"

听了心理学家的话，哈里斯觉得找到了人生的新方向。他不再上学了，而是去替人整建园圃，修剪花草。因为勤勉，不久，雇主们开始注意到这个小伙子的手艺，他们称他为"绿拇指"，因为凡经他修剪的花草无不出奇地繁茂美丽。

他常常替人出主意，帮助人们把门前那点有限的空隙因地制宜地精心装点起来，他在颜色的搭配上更是行家，经他布置的花圃无不赏心悦目。

也许这就是机遇或机缘：一天，他凑巧进城，又凑巧来到市政厅后面，更凑巧的是一位市政参议员就在他眼前不远处。哈里斯注意到有一块污泥浊水、满是垃圾的场地，便上前向参议员鲁莽地问道："先生，你能否让我把这个垃圾场改为花园？"

"市政厅缺这笔钱。"参议员说。

"我不要钱。"哈里斯说，"只要允许我办就行。"

参议员大为惊异，他从政以来，还不曾碰到过哪个人办事不要钱呢！他把这孩子带进了办公室。哈里斯步出市政厅大门时，满面春风——他有权处理这块被长期搁置的垃圾场地了。

当天下午，他拿了几样工具，带上种子、肥料来到那里。一位热心的朋友给他送来一些树苗；一些相熟的雇主请他到自己的花圃剪用玫瑰插枝；有的人则提供篱笆用料。消息传到本城一家最大的家具厂，厂主立刻表示要免费承做公园里的条椅。

不久，这块泥泞的垃圾场地就变成了一个美丽的公园，绿茸茸的草坪,弯弯曲曲的小径,人们在条椅上坐下来还能听到鸟儿在唱歌——因为哈里斯也没有忘记给它们安家。全城的人都在谈论,说一个年轻人办了一件了不起的事。这个小小的公园又是一个生动的展览橱窗,人们由此看到了琼尼·哈里斯的才干,一致公认他是一个天生的风景园艺家。

你要确定自己的终生奋斗目标,首先要问问你自己的兴趣和天赋所在。想要成功,除了付出加倍的努力外,还要找到一条适合自己的路。当你选择了一条适合自己的路时,你就会觉得每一步都走得很轻盈。

在人生的道路上,我们会碰到各种各样让我们感兴趣的人和事,为此,我们要有敏锐的判断力和坚定的意志,选择那些值得我们去追求的。在这种积极向上的兴趣的鼓舞下,我们自身各方面的潜能和优势才能够得到极大的发挥,从而促使我们奔向人生的目标。